JN422942

BuiLearn Access Code 사용설명서

Builearn.untactedu.co.kr

- **회원가입 클릭**

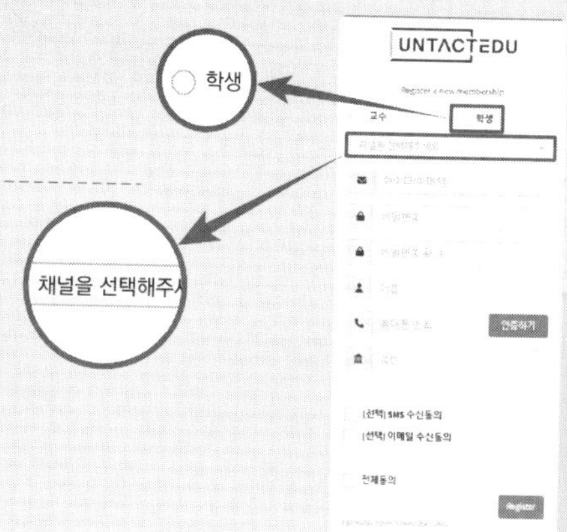

- **학생 선택**
- **채널 선택**:
  본인 소속 학교 선택 바랍니다.

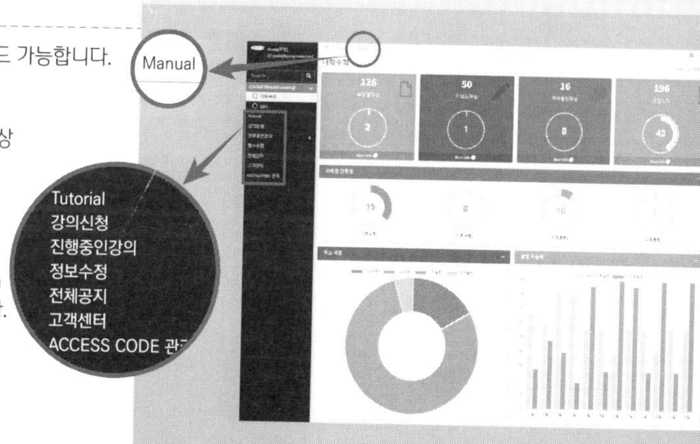

- **Manual**: 사용 매뉴얼 다운로드 가능합니다.
- **Tutorial**: 과제 수행 방법 동영상 및 실습 Tutorial 가능합니다.
- **강의신청**: 강의코드 등 검색 후 강의 신청 가능합니다.
- **Access Code 관리**: BuiLearn Access Code 입력 가능합니다.

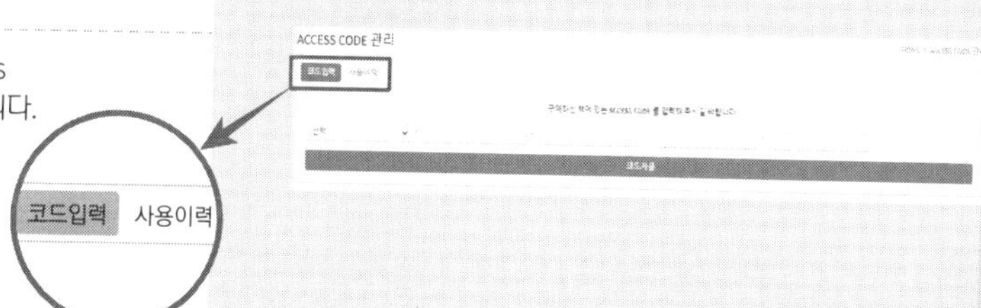

- **코드입력**: BuiLearn Access Code(BAC) 입력이 가능합니다.
- **사용이력**: BAC 사용 이력 확인이 가능합니다.

4-4TUG-8QW3-V8ES-UHTY

CIAL
IGENCE
GE
MATICS

AI대학수학

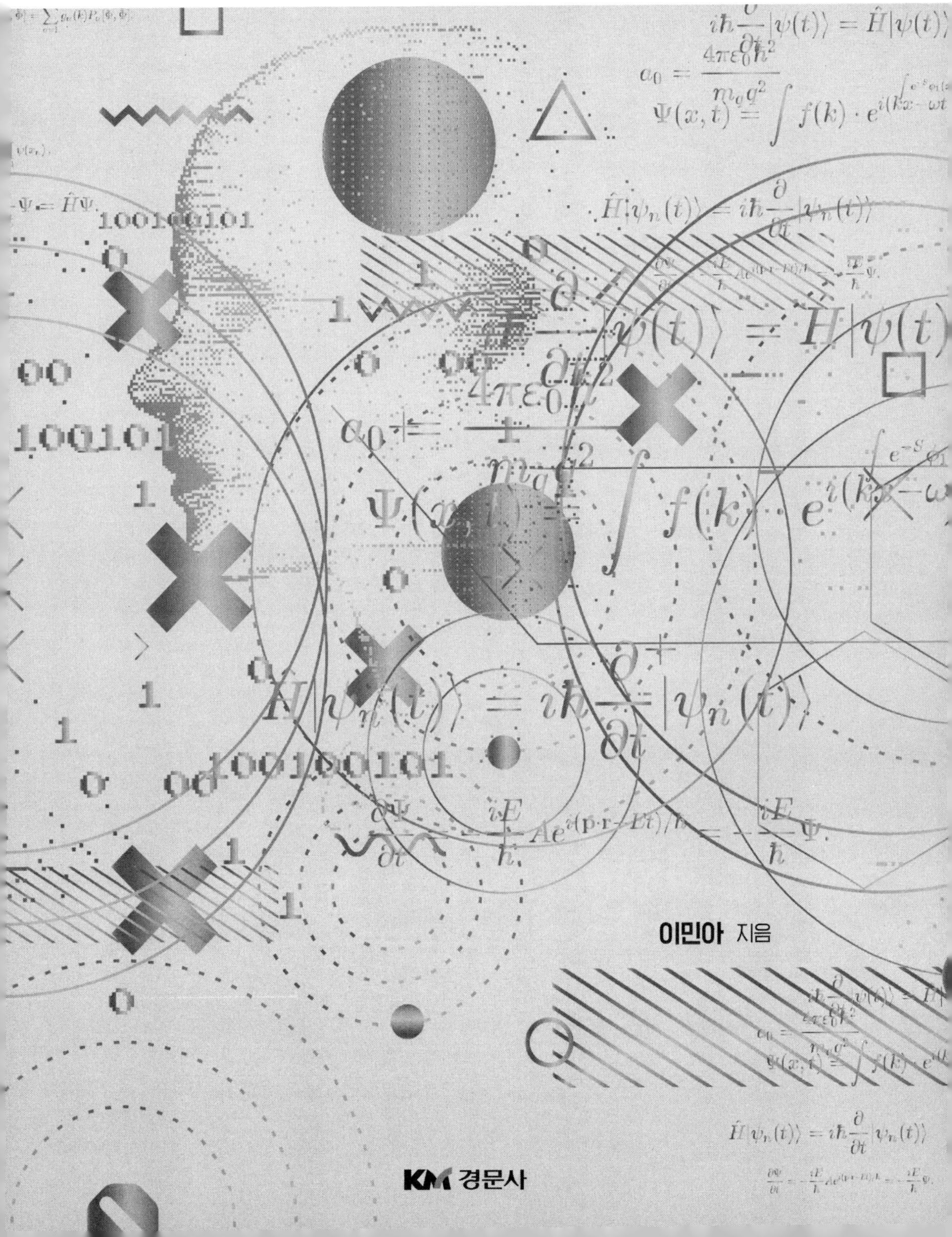

이민아 지음

KM 경문사

머리말

수학은 오랜 세월 인간의 사고와 지식을 발전시키는 학문이었다. 4차 산업혁명으로 수학의 역할은 더 구체화 되었다. 정보통신기술(ICT)의 발전은 인공지능(AI), 빅데이터, 알고리즘 등의 데이터 과학의 혁명을 가져왔으며, 수학의 중요성은 극대화되었다. 공학, 과학과 인문사회 분야에서 수학은 기초 학문으로 매우 중요한 역할을 하고 있다. 각 분야에 필요한 전문 수학을 배우기 위한 밑거름으로 본 교재를 소개하고자 한다.

본 교재는 이공계 전공을 앞둔 학생들을 위한 기초과정 수학으로 대학에서 수학을 배우는 모든 학생에게 고등수학에 대한 부족한 부분과 고등수학을 기본으로 한 대학 수학의 기초가 될 수 있는 분야를 다루어 교양 수학의 선수 과목이나 기초 전공 수학으로 활용할 수 있도록 하였다.

고등수학에서 학습했던 함수에 대한 기초내용과 지수·로그함수 및 삼각함수에 쌍곡선함수를 추가하여 설명하고 이 함수들에 대하여 함수의 극한과 연속의 개념을 다루며 더 나아가 미분법과 적분법의 기초를 다루었다. 그리고 행렬과 연립일차방정식, 벡터의 기본 개념과 이 개념들을 이용한 간단한 연립일차방정식의 해법에 대하여 수록하였다. 각 단원의 마지막에는 그 단원에 대한 흥미 유발과 좀 더 깊은 고찰을 위하여 '생각해 보기'를 소개하였으며 이를 통하여 딱딱한 수학의 개념을 실생활과 연관 지어 생각해 볼 수 있도록 하였다.

본 교재를 통하여 학생들이 쉽게 수학을 학습하고 이해할 수 있기를 바라며 이 교재의 출판에 많은 도움을 주신 경문사 관계자 여러분에게 감사를 표시한다.

저자 씀

차례

제 1 장 함수

제 2 장 연립일차방정식

제 3 장 벡터

제 4 장 함수의 극한과 연속

제 5 장 미분법

제 6 장 부정적분과 정적분

부록

제 1 장

함수

1.1 함수

함수의 개념은 모든 수학 분야에서 가장 기초적이면서도 중요하다. 이 장에서 다루는 일부는 이미 고등학교에서 배운 개념이지만 여러 가지 함수, 역함수, 합성함수 및 초월함수 등의 정의와 성질들에 대하여 좀 더 자세한 내용을 학습한다.

'함수는 단지 기호적 수식이 아니다. 그것은 우주의 법칙이며 모래알들과 가장 먼 거리에 있는 별들의 동작까지 포괄한다.'

-Morris Klein

정의 1.1.1 함수의 뜻과 정의역, 공역, 치역

(1) 함수의 뜻

공집합이 아닌 두 집합 X, Y에 대하여 X의 각 원소에 Y의 원소가 하나씩 대응하는 관계를 **X에서 Y로의 함수**라 하고, 기호로 $f : X \to Y$ 또는 $X \xrightarrow{f} Y$로 나타낸다.

(2) 정의역, 공역, 치역

함수 $f : X \to Y$에서 집합 X를 함수 f의 **정의역**(domain), 집합 Y를 **공역**(codomain)이라 한다. 또한 함수값 전체의 집합 $\{f(x) | x \in X\}$를 함수 f의 **치역**(range)이라 한다.

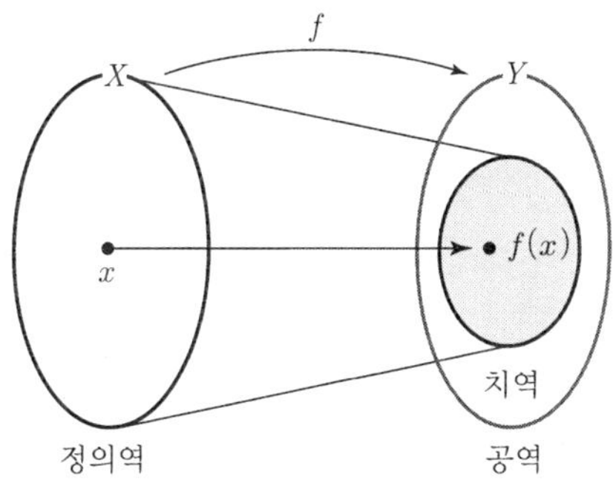

[그림 1.1.1]

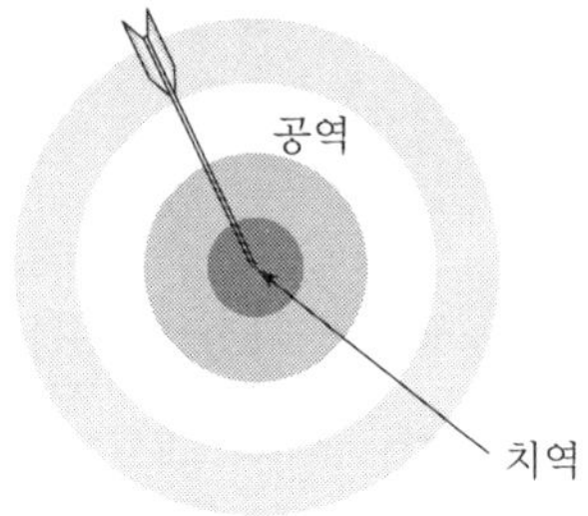

[그림 1.1.2]

함수의 용어와 성립 조건을 양궁 경기에 비유하면 [그림 1.1.2]와 같이 화살은 정의역, 공역은 과녁 전체, 치역은 화살을 맞은 과녁이라 할 수 있다.

올림픽 경기에서 양궁 시합을 할 때, 각 선수들은 한 시행에서 한 발씩만 쏘게 되어 있으며 한 개의 화살이 둘로 갈라지는 경우는 없다. 또한 과녁의 어느 부분에나 화살이 맞을 수 있으므로 이를 공역과 치역이라고 생각하자.

정의역	화살	→	단 한 발씩만 쏜다.
공역	과녁	→	화살은 과녁을 빗겨 나갈 수 없다.
치역	화살을 맞은 부분	→	맞는 화살 수에 제한이 없다.

이를 활용하여 다음의 대응을 살펴보고 함수가 성립되는지 생각해보자.

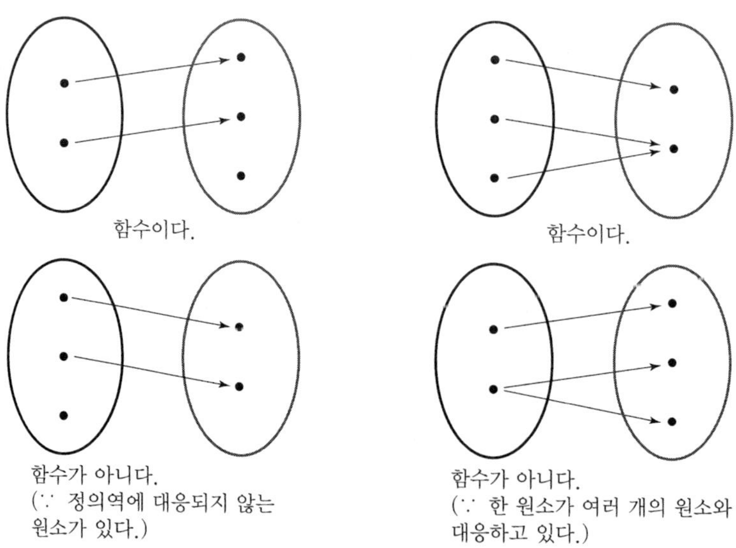

[그림 1.1.3]

예제 1.1.1 다음 함수의 정의역, 치역을 각각 말하여라.

(1) $y = x^2 + 3$ (2) $y = \dfrac{1}{x}$

(3) $y = \sqrt{4 - x}$ (4) $y = \dfrac{x}{|x|}$

풀이

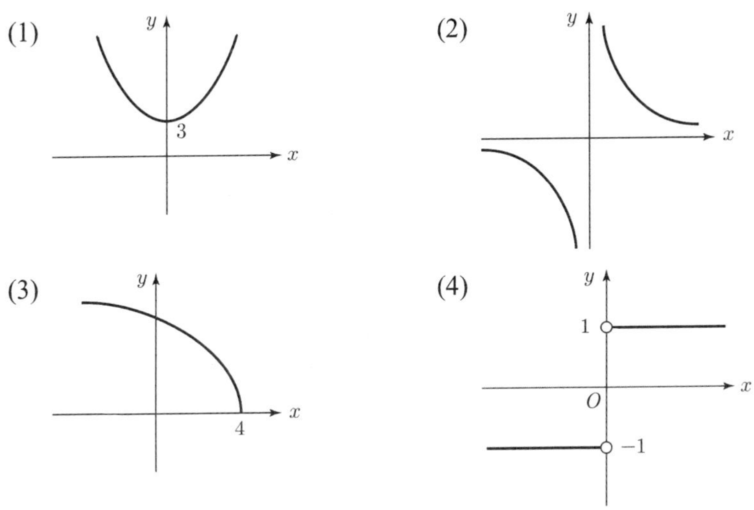

[그림 1.1.4] 예제 1.1.1

(1) 정의역은 실수 전체의 집합 $\mathbb{R}$, 치역은 $\{y | y \geq 3\}$.

(2) 정의역은 정의역도 치역도 모두 0을 제외한 실수 전체의 집합 $\mathbb{R} - \{0\}$.

(3) 정의역은 $\{x | x \leq 4\}$, 치역은 $\{y | y \geq 0\}$.

(4) 정의역은 0을 제외한 실수 전체의 집합 $\mathbb{R} - \{0\}$, 치역은 $\{y | y = 1 \text{ 또는 } y = -1\}$. □

문제 1.1.1

다음 함수의 정의역, 치역을 각각 말하여라.

(1) $y = -x^2 + 2$ (2) $y = -\dfrac{2}{x}$

(3) $y = -\sqrt{4 - x}$

함수의 종류와 그래프

함수 $f : X \rightarrow Y$에 대하여

(1) 단사함수(injection)는 임의의 $x_1,\ x_2 \in X$에 대해, $x_1 \neq x_2$이면 $f(x_1) \neq f(x_2)$인 함수이다. 즉 $f(x_1) = f(x_2)$이면 $x_1 = x_2$를 만족하는 함수다.
이 함수는 일대일 함수(one-to-one function)라고도 하며, 정의역의 서로 다른 원소는 치역의 서로 다른 원소에 대응함에 의미한다.

(2) 전사함수(surjection)는 치역과 공역이 일치하는 함수이다. 즉

$$f(x) = \{f(x) \mid x \in X\} = Y.$$

이 함수는 임의의 $y \in Y$에 대해 $y = f(x)$를 만족하는 $x \in X$가 항상 존재한다.

(3) 전단사함수(bijection)는 단사이면서 동시에 전사인 함수이다.
이 함수는 일대일 대응(one-to-one correspondence)라고도 하는데, 이는 Y의 각 원소가 오직 하나의 $x \in X$에 대응됨을 의미한다.

(4) 항등함수는 임의의 원소 $x \in X$에 대하여 $f(x) = x$인 함수이다.
이 항등함수가 전단사함수임은 쉽게 확인할 수 있다.

(5) 상수함수는 임의의 원소 $x \in X$에 대하여 $f(x) = c(c \in Y,\ c$는 상수)일 때, 즉 f의 치역이 하나의 원소로 이루어진 함수이다.

(6) 함수의 그래프는 $y = f(x)$에서 순서쌍 $(x,\ f(x))$ 전체의 집합, 즉

$$G = \{(x,\ f(x)) \mid x \in X\}$$

이다. G의 원소를 좌표평면에 나타낸 것을 함수 $y = f(x)$의 그래프의 기하학적 표현이라고 한다.

함수의 그래프를 이용하면 함수가 성립되는지 한눈에 알 수 있다. [그림 1.1.5]는 함수의 그래프가 아니다. 함수의 정의에서 비유했듯이 한 명의 궁수가 한 발의 화살을 쏘아야 하기 때문이다. 따라서 함수가 아니고 대응일 뿐이다.

한편 [그림 1.1.6]은 x에 y가 하나씩만 대응하므로 함수의 그래프이다.

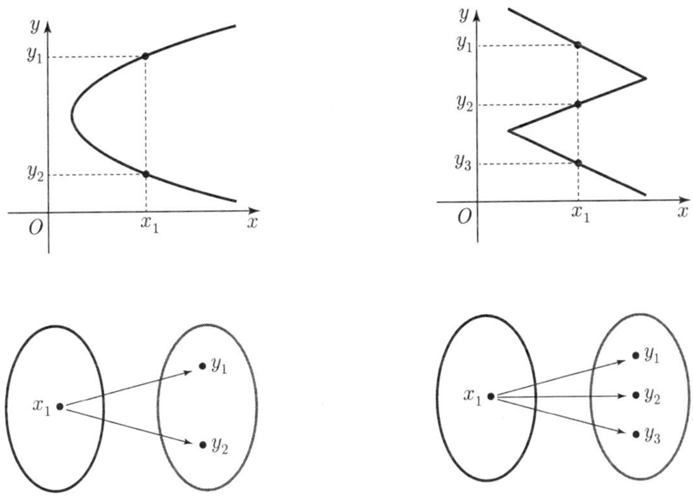

(a) (b)

[그림 1.1.5]

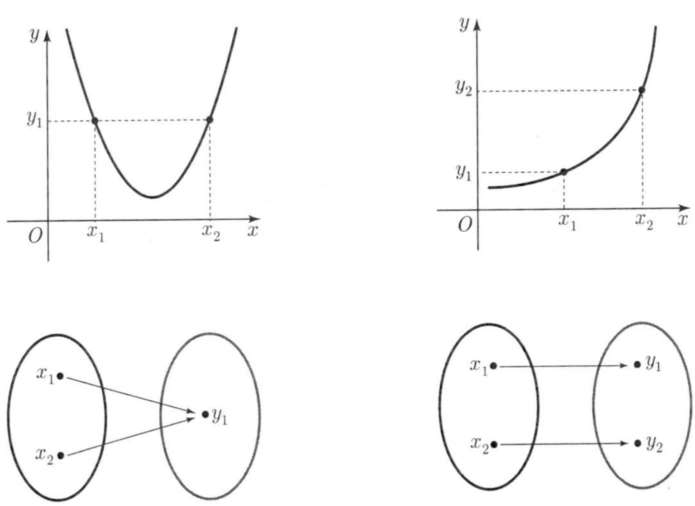

(a) (b)

[그림 1.1.6]

함수의 그래프인지 아닌지 판별하는 가장 좋은 방법은 y축에 평행한 직선을 그어 보는 것이다. 이때 그래프와 만나는 점이 많아야 한 개면 함수, 두 개 이상인 경우가 있으면 함수의 그래프가 아니다.

특히 [그림 1.1.6(b)]를 보면 x에 y가 한 개 대응하고, y에도 x가 한 개 대응하고 있다. 이런 함수를 일대일 함수라고 한다. 즉 정의역에서 서로 다른 원소 x_1, x_2를 선택하면 그것에 대응하는 치역의 원소 y_1, y_2도 서로 달라야 한다.

대표적인 일대일 대응은 다음 절에서 배울 지수함수와 로그함수 등이 있다. 지수함수나 로그함수는 정의역의 어떠한 값에서도 공역의 단 하나의 값으로 대응하고 있으며 (치역)=(공역)을 만족한다. 그러나 삼각함수는 일대일 함수가 아니므로 일대일 대응도 아니다.

예제 1.1.2 두 집합 $X=\{a, b, c, d\}$, $Y=\{p, q, r, s\}$가 있다.

(1) X에서 Y로의 함수는 몇 개인가?

(2) X에서 Y로의 일대일 대응은 몇 개인가?

풀이 $a \to \square$, $b \to \square$, $c \to \square$, $d \to \square$

Y의 p, q, r, s에서 4개를 뽑아 □ 안에 늘어놓는 방법의 수를 구하는 것이다.

(1) □에 같은 값이 와도 상관없으므로, a에 대응되는 문자 4가지, b, c, d에도 각각 4가지이므로 $4\times4\times4\times4=256$개이다.

(2) a에 온 수가 b에 올 수 없으므로, a에는 4가지, a, b에 온 수가 c에 올 수 없으므로 b에는 3가지, a, b, c에 온 수가 d에 올 수 없으므로 c에 2가지, d에는 1가지이므로 $4\times3\times2\times1=24$개이다. □

문제 1.1.2

집합 $X=\{1, 2, 3, 4, 5, 6\}$에 대하여 함수 $f: X\to X$를

$$f(x)=(x\text{의 양의 약수의 개수})$$

로 정의할 때, 함수 f의 치역을 구하여라.

이제 합성함수와 역함수에 대하여 알아보자.

합성함수(composition function)

두 함수 $f: X\to Y$, $g: Y\to Z$가 주어져 있을 때, [그림 1.1.7]과 같이 X의

임의의 원소 x에 대하여 f에 의해 Y의 원소 y가 대응되고, 다시 이 y에 대하여 g에 의해 Z의 원소 z를 대응시킬 수 있다. 이때 X의 원소 x에 대하여 Z의 원소 $g(f(x))$를 대응시킴으로써 X를 정의역, Z를 공역으로 하는 새로운 함수를 얻는다. 이 함수를 **합성함수**라 하고, $g \circ f$로 나타낸다. 곧,

$$g \circ f : x \to g(f(x)), \quad (g \circ f)(x) = g(f(x)).$$

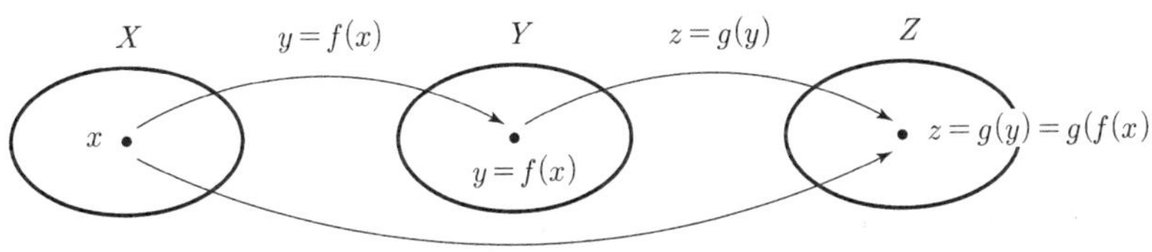

[그림 1.1.7]

〈합성함수의 성질〉

① $g \circ f \neq f \circ g$

② $h \circ (g \circ f) = (h \circ g) \circ f$

③ $f : X \to X$일 때, $f \circ I = I \circ f = f$ (단, I는 X에서의 항등함수이다.)

역함수(inverse function)

함수 $f : X \to Y$가 일대일 대응이면, 그 역함수 $f^{-1} : Y \to X$가 존재한다. 이때 함수 f^{-1}의 정의역은 f의 치역, f^{-1}의 치역은 f의 정의역이다. 그리고 함수 $y = f(x)$의 그래프와 그 역함수 $y = f^{-1}(x)$의 그래프는 직선 $y = x$에 대하여 대칭이다.

〈역함수의 성질〉

① $(f^{-1})^{-1} = f$

② $(g \circ f)^{-1} = f^{-1} \circ g^{-1}$

③ $f^{-1} \circ f = f \circ f^{-1} = I$ (I는 X에서의 항등함수이다.)

예제 1.1.3 함수 $f(x)=2x-3$, $g(x)=x^2+5$일 때, 합성함수 $g \circ f$와 $f \circ g$를 구하여라.

풀이 두 함수 f, g의 정의역과 공역은 모두 실수 전체의 집합이므로, 두 함수 $f \circ g$와 $g \circ f$는 존재한다.

$$(g \circ f)(x)=g(f(x))=g(2x-3)=(2x-3)^2+5=4x^2-12x+14$$
$$(f \circ g)(x)=f(g(x))=f(x^2+5)=2(x^2+5)-3=2x^2+7$$ □

문제 1.1.3

1. f, g, h가 실수 집합에서 실수 집합으로의 함수이고,

$$f(x)=2x,\ g(x)=x^2-1,\ h(x)=|x+1|$$

일 때, 다음을 구하여라.

(1) $g \circ f$ (2) $f \circ g$

(3) $h \circ (g \circ f)$ (4) $(h \circ g) \circ f$

(5) $f \circ f \circ f$ (6) $f \circ f \circ f \circ \cdots \circ f$($f$가 n개)

2. $f(x)=2x+3$, $g(x)=4x-5$일 때,

(1) $f(h(x))=g(x)$를 만족시키는 함수 $h(x)$를 구하여라.

(2) $h(f(x))=g(x)$를 만족시키는 $h(x)$를 구하여라.

예제 1.1.4 함수 $y=x^2$(단 $x \geq 0$)의 역함수를 구하여라.

풀이 조건에서 정의역을 $x \geq 0$으로 제한한 이유는 일대일 대응으로 만들기 위해서다. $y=x^2$을 $x=$(y의 식)으로 고치면 $x=\pm\sqrt{y}$. 그런데 $x \geq 0$이므로 $x=\sqrt{y}$이다. 따라서 $y=\sqrt{x}$가 역함수이다.

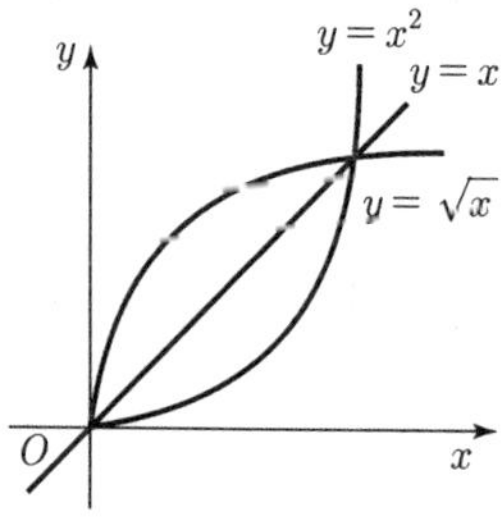

[그림 1.1.8]

□

문제 1.1.4

함수 $y=\sqrt{x-4}$(단, $x \geq 4$)의 역함수를 구하여라.

정의 1.1.2 짝함수와 홀함수

함수 $f:\mathbb{R}\to\mathbb{R}$에서 모든 실수 x에 대하여 $f(-x)=f(x)$를 만족하면 f를 짝함수 또는 우함수(even function)라 하고, $f(-x)=-f(x)$를 만족하면 홀함수 또는 기함수(odd function)라고 한다.

예제 1.1.5 $f(x)=x^2$은 짝함수임을 보이고, $g(x)=x^3-x$는 홀함수임을 보여라.

풀이 $f(-x)=(-x)^2=x^2=f(x)$이므로 $f(x)$는 짝함수이다.

$g(-x)=(-x)^3-(-x)=-x^3+x=-(x^3-x)=-g(x)$ □

문제 1.1.5

1. 두 함수 $f(x)=-2x+1$, $g(x)=3x+4$에 대하여 다음을 구하여라.

   (1) $f^{-1}(x)$　　(2) $g^{-1}(x)$

   (3) $(g\circ f^{-1})(x)$　　(4) $(g^{-1}\circ f^{-1})(x)$

2. 다음 함수의 역함수를 구하여라.

   (1) $f(x)=x^3+9$　　(2) $f(x)=\sqrt{x-1}\ (x\geq 1)$

3. 다음의 각 함수가 짝함수인지 홀함수인지 설명하여라.

   (1) $f(x)=|x|-2$　　(2) $f(x)=\dfrac{1}{x^3-2x}$

   (3) $f(x)=x^3+2x+1$

연·습·문·제 1.1

EXERCISES

1. 다음 주어진 함수가 우함수인지 기함수인지를 판별하여라.

   (1) $f(x)=2x$ (2) $f(x)=3x^2$

   (3) $f(x)=4x^3$ (4) $f(x)=x^n$

   (5) $f(x)=\dfrac{5}{x}\ (x\neq 0)$

2. 모든 실수에 대하여 정의된 임의의 함수는 기함수와 우함수의 합으로 표시될 수 있음을 보여라.

3. 두 함수 $f(x)=x+a,\ g(x)=x^2-1$에서 $g\circ f=f\circ g$를 만족하는 a의 조건을 구하여라.

4. 폐구간 $[0,\ 1]$에서 정의된 함수

$$f(x)=\begin{cases}2x, & 0\leq x\leq \dfrac{1}{2}\\ 2-2x, & \dfrac{1}{2}< x\leq 1\end{cases}$$

   에 대하여 함수 $(f\circ f)(x)$를 구하여라.

5. 함수 $f,\ g,\ h$에 대하여 $h\circ(g\circ f)=(h\circ g)\circ f$가 성립함을 보여라.

6. 양의 실수 전체의 집합을 정의역으로 하는 두 함수 $f(x),\ g(x)$가

$$f(x)-x^2+2,\quad g(x)=(3x-1)f(x)$$

   를 만족할 때, $f^{-1}(g(1))$의 값을 구하여라.

7. 함수 $y=f(x)$의 그래프가 다음과 같을 때 함수 $f(x)$가 정의되는 모든 실수 x에 대하여 $f(f(x))=x$를 만족시키는 것은 어느 것인지 말하여라.

(1)

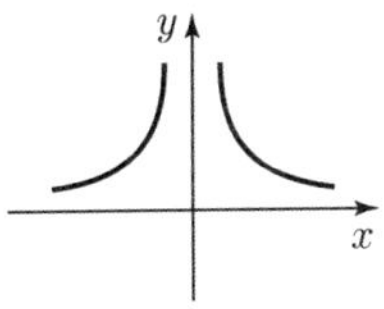

(2)

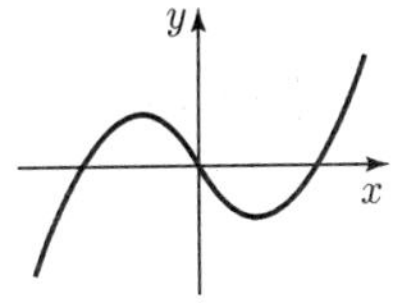

(3)

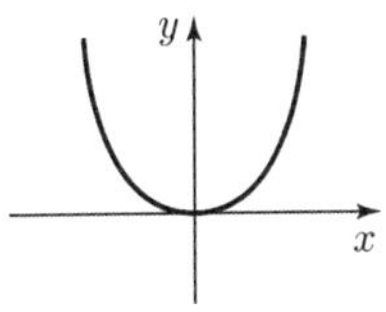

(4)

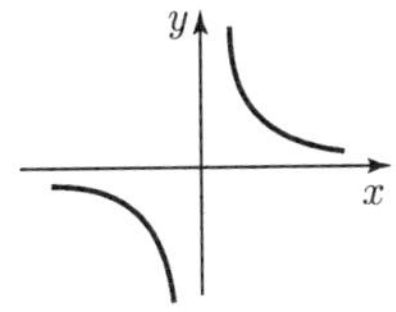

(5)

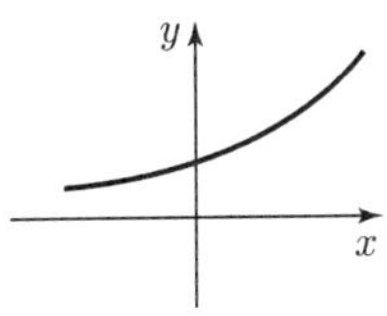

1.2 지수함수와 로그함수

오래전 영화 〈쥐라기 공원〉에서는 공룡시대를 재현하여 돈을 벌려는 어느 과학자의 꿈이 재앙으로 변하는 모습을 보여주고 있다.

실제로 공룡의 존재는 뼈나 이빨 또는 발자국 등의 화석을 통해 입증이 되고 있고, 이런 화석은 방사성 동위원소를 이용하여 공룡들이 얼마나 오래전에 살았던 것인지 알 수 있다. 구체적으로 방사성 탄소인 ^{14}C는 불안정한 원자 β선을 방출하며 감소하는데, 이것은 생물이 살아있는 동안은 외부와 평행을 유지하지만 그 생물이 죽으면 감소하기 시작한다. 이런 성질을 이용하여 ^{14}C의 양으로 그 생물이 죽은지 몇 년이 지났는지 알 수 있다.

반감기를 계산하는 공식은

$$y = c \cdot e^{-kr} \quad (c\text{는 처음의 방사성 물질의 양, } e = 2.7182 \cdots)$$

인데, 이처럼 지수함수는 로그함수와 함께 자연현상의 성질을 규명하는 데 유용하게 쓰인다.

또한 현대에 와서 지수함수나 로그함수는 수학과 자연과학은 물론 경제학, 심리학 등 인문·사회과학 등에 도입되어 그 응용범위가 넓어지고 있다. 이런 이유로 지수함수와 로그함수를 배우는 것이다.

지수함수의 개념이 먼저 발견되고 로그함수가 정의되었을 것으로 생각하기 쉽지만 역사적으로는 그 반대다. 지수함수의 개념은 17세기 말 독일의 수학자 라이프니츠(G. W. Leibniz, 1646~1716)에 의해 발견되었으나 로그함수는 이보다 수십 년 전에 영국의 네이피어(J. Napier, 1550~1617)에 의하여 지수보다 먼저 발견되었다. 오일러에 의해 로그수가 거듭제곱의 지수를 나타내는 것이 알려짐으로써 두 함수의 관계가 명확해졌다.

다음에 나오는 지수법칙과 로그법칙의 증명은 생략하기로 한다.

정의 1.2.1

(1) 거듭제곱

임의의 실수 a를 n번 곱한 것을 a의 **n제곱**이라 하고 a^n으로 나타낸다.

이때 n은 자연수이며 n이 2일 때는 제곱, 3일 때는 세제곱, 4일 때는 네제곱이라 하고, a, a^2, a^3, $\cdots$을 통틀어 a의 거듭제곱이라 한다.

(2) 거듭제곱근

임의의 실수 a에 대하여 $n \geqq 2$인 정수일 때, n제곱하여 a가 되는 수, 즉 방정식 $x^n = a$를 만족시키는 x의 값을 **a의 n제곱근**이라 하고 a의 제곱근, 세제곱근, 네제곱근, $\cdots$ 등을 통틀어 **a의 거듭제곱근**이라고 한다.

정리 1.2.1 거듭제곱근의 성질

$a > 0$, $b > 0$이고 m, n은 실수일 때 다음이 성립한다.

(1) $(\sqrt[n]{a})^n = a$

(2) $\sqrt[n]{a}\,\sqrt[n]{b} = \sqrt[n]{ab}$

(3) $(\sqrt[n]{a})^m = \sqrt[n]{a^m}$

(4) $\dfrac{\sqrt[n]{a}}{\sqrt[n]{b}} = \sqrt[n]{\dfrac{a}{b}}$

(5) $\sqrt[m]{\sqrt[n]{a}} = \sqrt[mn]{a} = \sqrt[n]{\sqrt[m]{a}}$

(6) $\sqrt[np]{a^{mp}} = \sqrt[n]{a^m}$ (단, p는 양의 정수)

예제 1.2.1 다음 값 중 가장 큰 것은?

(1) $\left(\sqrt{2^{\sqrt{2}}}\right)^2$

(2) $\left\{\sqrt{(2^{\sqrt{2}})^2}\right\}^2$

(3) $\left\{\sqrt{(\sqrt{2})^{\sqrt{2}}}\right\}^{\sqrt{2}}$

(4) $\left(\sqrt{\sqrt{2^{\sqrt{2}}}}\right)^2$

(5) $\left\{\left(\dfrac{1}{\sqrt{2}}\right)^2\right\}^{\sqrt{(\sqrt{2})^2}}$

풀이 (1) $\left(\sqrt{2^{\sqrt{2}}}\right)^2 = 2^{\sqrt{2}}$

(2) $\left\{\sqrt{(2^{\sqrt{2}})^2}\right\}^2 = \left(2^{\sqrt{2}}\right)^2 = 2^{2\sqrt{2}}$

(3) $\left\{\sqrt{(\sqrt{2})^{\sqrt{2}}}\right\}^{\sqrt{2}} = \left\{\sqrt{\left(2^{\frac{1}{2}}\right)^{\sqrt{2}}}\right\}^{\sqrt{2}} = \left(2^{\frac{\sqrt{2}}{4}}\right)^{\sqrt{2}} = 2^{\frac{2}{4}} = 2^{\frac{1}{2}}$

(4) $\left(\sqrt{\sqrt{2^{\sqrt{2}}}}\right)^2 = \sqrt{2^{\sqrt{2}}} = \left(2^{\sqrt{2}}\right)^{\frac{1}{2}} = 2^{\frac{\sqrt{2}}{2}}$

(5) $\left\{\left(\dfrac{1}{\sqrt{2}}\right)^2\right\}^{\sqrt{(\sqrt{2})^2}} = \left(\dfrac{1}{2}\right)^{\sqrt{2}} = \dfrac{1}{2^{\sqrt{2}}} = 2^{-\sqrt{2}}$

따라서 가장 큰 값은 (2)이다. □

문제 1.2.1

1. $f(x)=2^{x+1}$일 때 다음 중 $f(-x)$와 같은 것은?

(1) $\dfrac{1}{4f(x)}$ (2) $\dfrac{1}{2f(x)}$

(3) $\dfrac{1}{f(x)}$ (4) $\dfrac{2}{f(x)}$

(5) $\dfrac{4}{f(x)}$

2. $f(x)=2^{2x+1}$, $(f\circ g)(x)=2x^4$일 때 $g(2)$의 값을 구하여라.

정의 1.2.2

$a>0$, $a\neq 1$일 때, 임의의 양수 b에 대하여 $a^x=b$를 만족하는 x를 a를 밑으로 하는 b의 로그라고 하며, $x=\log_a b$로 나타낸다. 이때 b를 $\log_a b$의 **진수**라고 한다.

정리 1.2.2 로그의 성질

$a>0$, $a\neq 1$, $M>0$, $N>0$이고 n이 임의의 실수일 때 다음이 성립한다.

(1) $\log_a a=1$, $\log_a 1=0$

(2) $\log_a MN=\log_a M+\log_a N$

(3) $\log_a \dfrac{M}{N}=\log_a M-\log_a N$

(4) $\log_a M^n=n\log_a M$

(5) $\log_a b=\dfrac{1}{\log_b a}$ $(b\neq 1,\ b>0)$

(6) $\log_a b=\dfrac{\log_c b}{\log_c a}$ $(c\neq 1,\ c>0)$

(7) $a^{\log_a b}=b$

(8) $\log_{a^m} b^n=\dfrac{n}{m}\log_a b$

예제 1.2.2 모든 실수 x에 대하여 $\log_a(ax^2-ax+3)$의 값이 존재하기 위한 a값의 범위를 구하여라.

풀이 (i) 밑 : $a>0,\ a\neq 1$ …… ㉠

(ii) 진수 : $ax^3-ax+3>0$ …… ㉡

㉡이 모든 실수 x에 대하여 항상 성립하려면

$$a>0\text{이고 } D=a^2-12a<0$$

이어야 한다. 즉

$$a(a-12)<0\text{에서 } 0<a<12. \quad \cdots\cdots \text{㉢}$$

따라서 ㉠, ㉢의 공통범위를 구하면

$$0<a<1 \text{ 또는 } 1<a<12.$$

□

예제 1.2.3 $54^x=81,\ 6^y=27$일 때 $\dfrac{4}{x}-\dfrac{3}{y}$의 값을 구하여라.

풀이 $54^x=81$에서 $x=\log_{54}81=\log_{54}3^4=4\log_{54}3$이고 $\dfrac{x}{4}=\log_{54}3$이다.

$$\therefore\ \frac{4}{x}=\log_3 54$$

$6^y=27$에서 $y=\log_6 27=\log_6 3^3=3\log_6 3$이고 $\dfrac{y}{3}=\log_6 3$이다.

$$\therefore\ \frac{3}{y}=\log_3 6$$

따라서 구하는 값은

$$\frac{4}{x}-\frac{3}{y}=\log_3 54-\log_3 6=\log_3\frac{54}{6}=\log_3 9=\log_3 3^2=2.$$

□

문제 1.2.2

1. 다음 등식을 만족시키는 x의 값을 구하여라.

(1) $3^x \cdot 2^{2-x} = 6^x$ (2) $x^{\sqrt{x}} = (\sqrt{x})^x$ (단, $x > 0$)

(3) $(x+1)^x = 3^x$ (4) $2^{x+1} \cdot 3 = 3^{2x+1}$

2. 다음 연립방정식을 풀어라.

$$\begin{cases} \log_x 4 - \log_y 3 = 5 \\ \log_x 2 - \log_y 27 = 5 \end{cases}$$

3. $10^x = 6$, $6^y = 4$일 때 xy값을 구하여라.

상용로그의 정의 — 밑이 10인 로그

우리는 일상적으로 십진법을 사용한다. 예를 들어 세 자리수 531이 있다면 이것을 $531 = 5\times 10^2 + 3\times 10^1 + 1\times 10^0$과 같이 나타낼 수 있다. 무심코 사용하는 하나하나의 숫자에도 자리수 자체에 10^n, 즉 10의 거듭제곱의 개념이 포함되어 있다. 그러므로 밑을 10으로 하는 지수나 로그는 중요하며 자주 사용된다. 그래서 밑이 10인 로그를 일상적으로 사용하는 로그라는 의미에서 **상용로그**라고 하며 밑을 생략하여 표현하기도 한다.

상용로그는 정수 n과 소수 $\alpha(0 \le \alpha < 1)$의 합으로 나타낼 수 있다. 이때 이 정수를 상용로그의 **지표**, α를 **가수**라고 한다. 예를 들어 $\log X$의 값이 3.52라면 $\log X$의 지표는 3, 가수는 0.52이다. 로그의 값이 양수인 경우에는 소수점을 기준으로 소수점 앞쪽은 지표, 뒤쪽은 가수라고 생각하면 되지만, 로그의 값이 음수인 경우에는 양수인 경우와 같이 생각해서는 안 된다. 예를 들어 $\log X$의 값이 -3.52라면 지표는 -4, 가수는 0.48이다. 왜냐하면 가수는 0보다 크고 1보다 작아야 하기 때문이다.

정의 1.2.3

$\log_{10} N (N > 0)$과 같이 밑이 10인 로그를 **상용로그**라 하며, 간단히 $\log N$으로 나타낸다.

상용로그 $\log N$의 값을 $n+\alpha$(n은 정수, $0 \le \alpha < 1$)의 꼴로 나타낼 때, 정수 부분 n을 $\log N$의 지표, 소수 부분 α를 $\log N$의 가수라 한다. 지표와 가수는 다음과 같은 성질을 갖는다.

(1) 지표의 성질

① $\log N$의 진수 N의 정수 부분이 n자리이면 지표는 $n-1$이다.

② $\log N$의 진수 N이 소수 n째 자리에서 처음으로 0이 아닌 숫자가 나타나면 지표는 $-n$이다($-n$은 $\overline{n}$로 표현하기도 한다).

(2) 가수의 성질

숫자 배열이 같고 소수점의 위치만 다른 수들의 상용로그의 가수는 모두 같다.

참고 ‖ 수열 $\left\{\left(1+\dfrac{1}{n}\right)^n\right\}$의 극한은 2.7182818284590⋯인 무리수인데, 이것을 e로 나타낸다.

즉 $\lim\limits_{n\to\infty}\left(1+\dfrac{1}{n}\right)^n = e$이다.

이것은 1739년 오일러(L. Euler, 1707~1783)가 처음 표기하였기 때문에 **오일러 수**(Euler number)라고도 불린다. 이 무리수 e를 밑으로 하는 로그를 **자연로그**(natural logarithm)라 하고, 다음과 같이 $\ln x$로 표기한다.

$$\ln x = \log_e x$$

이 자연로그는 응용분야에서 광범위하게 활용된다.

예제 1.2.4 $\log 2 = 0.3010$, $\log 3 = 0.4771$이라 한다. 이것을 이용하여 다음 문제를 풀어보아라.

(1) 3^{30}은 몇 자리 숫자인가?

(2) 5^{-30}은 소수 몇 번째 자리에서 처음으로 0이 아닌 수가 나타나는가?

풀이 (1) $\log 3^{30} = 30\log 3 = 30\times 0.4771 = 14.3130$

$\log 3^{30}$의 지표가 14이므로 3^{30}은 15자리수이다.

(2) $\log 5^{-30} = -30 \cdot \log 5 = -30(\log 10 - \log 2)$

$= -30(1-0.3010) = \overline{21}.03$

곧 지표가 -21이므로, 5^{-30}은 소수 제21자리에서 처음으로 0이 아닌 숫자가 나타난다. □

문제 1.2.3

$\log 2 = 0.3010$, $\log 3 = 0.4771$이라 한다. 이것을 이용하여 다음 문제를 풀어보아라.

(1) 2^{20}은 몇 자리 숫자인가?

(2) 6^{-10}은 소수 몇 번째 자리에서 처음으로 0이 아닌 수가 나타나는가?

지수함수와 로그함수

임의의 실수 x에 대하여 a^x를 대응시키는 함수 $y = a^x$ $(a > 0,\ a \neq 1)$를 a를 밑으로 하는 **지수함수**라 한다.

또 임의의 양의 실수 x에 대하여 $\log_a x$를 대응시키는 함수 $y = \log_a x\,(a > 0,\ a \neq 1)$를 a를 밑으로 하는 x의 **로그함수**라 한다.

$y = a^x$를 x에 관하여 풀면 $x = \log_a y$ $(a > 0,\ a \neq 1)$이고, x와 y를 바꾸면 $y = \log_a x$가 되므로, 지수함수와 로그함수는 역함수의 관계에 있다.

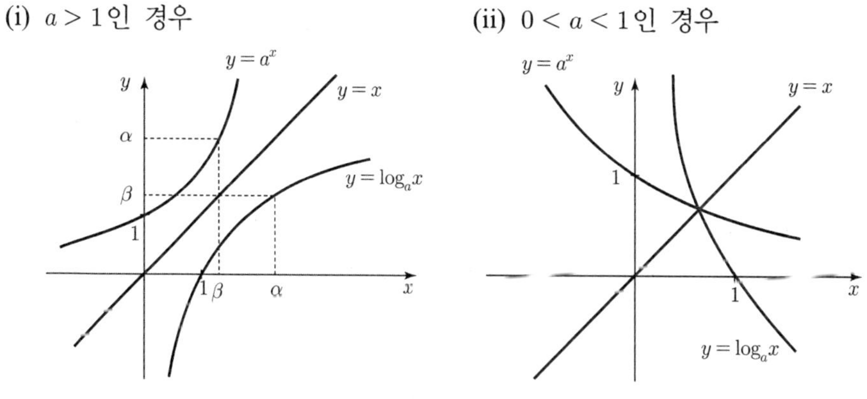

[그림 1.2.1]

〈지수함수의 성질〉

(1) 지수함수의 정의역은 실수 전체 집합이고, 치역은 양의 실수 전체의 집합이다.

(2) $y = a^x$는 $a > 1$이면 증가함수이고, $0 < a < 1$이면 감소함수이다.

(3) 그래프는 점 $(0,\ 1)$과 $(1,\ a)$를 지나고 점근선은 x축이다.

〈로그함수의 성질〉

(1) 로그함수의 정의역은 양의 실수 전체의 집합이고, 치역은 실수 전체 집합이다.

(2) $y = \log_a x$는 $a > 1$이면 증가함수이고, $0 < a < 1$이면 감소함수이다.

(3) 그래프는 점 $(1,\ 0)$과 $(a,\ 1)$을 지나고 점근선은 y축이다.

예제 1.2.5 $y = \log_3(x-1)+2$의 역함수를 구하여라.

풀이 진수 $x - 1 > 0$이므로 정의역은 $x > 1$이고, 치역은 실수 전체 집합이다. 이 두 집합에서 주어진 함수는 전단사이다.

$\log_3(x-1) = y-2$이고 $x - 1 = 3^{y-2}$이므로, $x = 3^{y-2}+1$이다.

여기서 x와 y를 바꾸면 $y = 3^{x-2}+1$이 주어진 함수의 역함수이다.

□

문제 1.2.4

1. $\log 2 = 0.3010,\ \log 3 = 0.4771$일 때 다음 물음에 답하여라.

(1) $(1.08)^{100}$의 정수 부분은 몇 자리 정수인지 구하여라.

(2) $\left(\frac{5}{6}\right)^{1000}$은 소수점 아래 몇째 자리에서 처음으로 0이 아닌 숫자가 나타나는지 구하여라.

2. 함수 $f(x) = 1 + \log_2 x$의 역함수 $g(x)$에 대하여 함수 $h(x) = 2g(x)$라 할 때, 합성함수 $f(h(x))$를 구하여라.

연·습·문·제 1.2

EXERCISES

1. $2^x = 3^y = 36$일 때 $\dfrac{1}{x} + \dfrac{1}{y}$의 값을 구하여라.

2. $a^{2x} = 3$일 때 $\dfrac{a^x - a^{-x}}{a^x + a^{-x}}$의 값을 구하여라.

3. $\dfrac{\log_3 5}{\log_3 2} = \log_8 a$일 때 a의 값을 구하여라.

4. $\log_2 3 = a$, $\log_3 5 = b$일 때 $\log_6 30$을 a와 b의 식으로 나타내어라.

5. $\log_{(x-2)}(x^2 - 5x + 4)$가 정의되기 위한 정수 x의 최솟값을 구하여라.

6. 다음 함수의 역함수를 구하여라.
   (1) $y = \log_2(x-1) + 1$
   (2) $y = \dfrac{1}{2}(3^x - 3^{-x})$

7. $f(x) = x + 1$, $g(x) = 2^x$일 때 $g(f(x))$의 역함수를 구하여라(단, $x > 1$이다).

8. (응용) 어떤 호수에서 수면에서의 빛의 세기가 I_0일 때 수심이 d[m]인 곳에서의 빛의 세기 I_d는 다음과 같이 나타내어진다고 한다.

$$I_d = I_0 2^{-0.25d}$$

이 호수에서 빛의 세기가 수면에서의 빛의 세기의 25%인 곳의 수심을 구하여라.

9. (응용) 망원경으로 볼 수 있는 가장 어두운 별의 등급을 그 망원경의 한계등급이라 하며 구경이 D[mm]인 망원경의 한계등급 M은 다음과 같다.

$$M = 1.77 + 5\log D$$

구경이 200[mm]인 망원경의 한계등급을 a, 구경이 300[mm]인 망원경의 한계등급을 b라 할 때, $100(b-a)$의 값을 소수 둘째 자리까지 구하여라. (단, $\log 2 = 0.3010$, $\log 3 = 0.4771$로 계산한다.)

1.3 삼각함수

각의 크기를 나타내는 데 있어서 실용적으로는 20°, 25°30′과 같이 **60분법**의 단위를 사용하지만, 이론적으로는 **호도법**이라고 하는 새로운 단위를 흔히 사용한다.

[그림 1.3.1(a)]과 같이 반지름의 길이가 r인 원호 위에 길이가 r인 호 AB를 잡을 때, 이 호에 대한 중심각 ∠AOB는 반지름의 길이 r에 관계없이 항상 일정하게 된다.

이와 같이 반지름의 길이 r과 호 AB의 길이가 같을 때 ∠AOB의 크기를 **1호도**(radian)라 하고, 이것을 단위로 하는 각의 측정법을 **호도법**이라 한다.

반지름의 길이 r인 원에서 반원 둘레는 πr이고, 이것은 반지름의 π배이므로 $180° = \pi\text{rad}$이 된다([그림 1.3.1(b)]).

따라서 호도법과 60분법 사이에는 다음 관계가 성립한다.

$$\pi\text{ rad} = 180° \Rightarrow \pi = 180°$$

$$1\text{rad} = \frac{180°}{\pi}, \quad 1° = \frac{\pi}{180}\text{ rad}$$

(a) (b)

[그림 1.3.1]

예제 1.3.1 다음 60분법으로 나타내어진 각은 호도법으로 고치고, 호도법으로 나타내어진 각은 60분법으로 고쳐라.

(1) 36° (2) 120°

(3) $\frac{\pi}{3}$rad (4) 2rad

풀이 (1) $36° = \frac{\pi}{180} \times 36 = \frac{\pi}{5}\text{rad}$

(2) $120° = \frac{\pi}{180} \times 120 = \frac{2}{3}\pi\text{rad}$

(3) $\frac{\pi}{3}\text{rad} = \frac{180°}{\pi} \times \frac{\pi}{3} = 60°$

(4) $2\text{rad} = \frac{180°}{\pi} \times 2 = \frac{360°}{\pi}$ □

참고 ‖ 같은 방법으로 하면 다음과 같은 환산표를 얻을 수 있다.

60분법	$0°$	$30°$	$45°$	$60°$	$90°$	$120°$	$135°$	$150°$	$180°$	$270°$	$360°$
호도법	0	$\frac{\pi}{6}$	$\frac{\pi}{4}$	$\frac{\pi}{3}$	$\frac{\pi}{2}$	$\frac{2}{3}\pi$	$\frac{3}{4}\pi$	$\frac{5}{6}\pi$	π	$\frac{3}{2}\pi$	2π

이 표는 자주 쓰이므로 기억해 두는 것이 좋다.

문제 1.3.1

다음 60분법으로 나타내어진 각은 호도법으로 고치고, 호도법으로 나타내어진 각은 60분법으로 고쳐라.

(1) $72°$ (2) $270°$

(3) $\frac{\pi}{6}\text{rad}$ (4) 3rad

일반각의 삼각함수

오른쪽 그림에서 동경 OP가 x축의 양의 방향과 이루는 각을 θ라고 할 때, θ에 대한 삼각함수를 다음과 같이 정의한다.

$$\sin\theta = \frac{y}{r},\quad \cos\theta = \frac{x}{r},\quad \tan\theta = \frac{y}{x}$$

$$\csc\theta = \frac{r}{y},\quad \sec\theta = \frac{r}{x},\quad \cot\theta = \frac{x}{y}$$

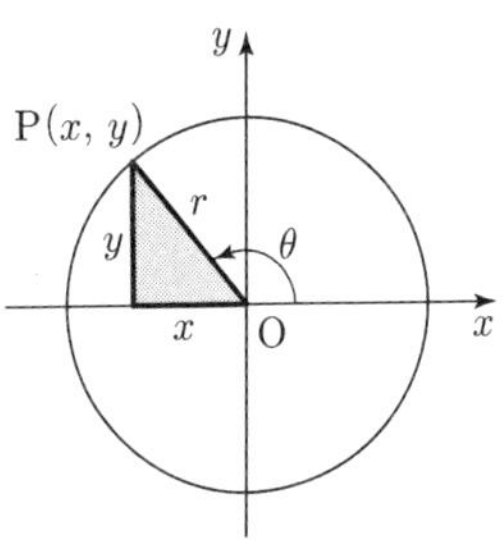

[그림 1.3.2]

삼각함수의 값의 부호

OP$= r$은 항상 양(+)으로 하며, x, y의 부호는 좌표의 부호를 따른다.

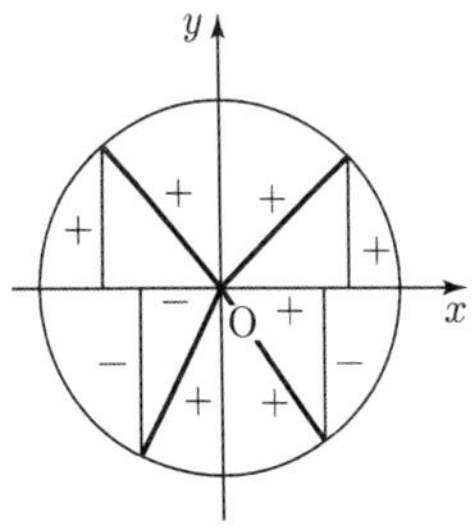

[그림 1.3.3]

	제1사분면	제2사분면	제3사분면	제4사분면
sin, csc	+	+	−	−
cos, sec	+	−	−	+
tan, cot	+	−	+	−

참고 ∥ 삼각비

$\angle C = \angle R$인 직각삼각형 ABC에서 $\angle A = \theta$라 할 때, θ에 대한 삼각비를

$$\sin\theta = \frac{a}{c},\ \cos\theta = \frac{b}{c},\ \tan\theta = \frac{a}{b}$$

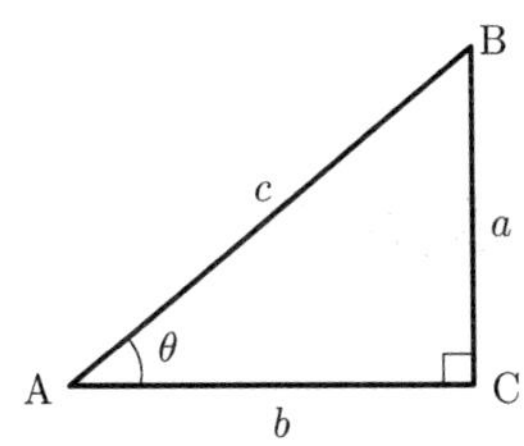

[그림 1.3.4]

로 정의한다는 것은 이미 중학교에서 배웠다.
또 30°, 45°, 60°와 같은 특수각의 삼각비의 값은 아래와 같이 정삼각형이나 정사각형을 이용하면 쉽게 얻을 수 있다는 것도 배웠다.

	30°	45°	60°
sin	$\frac{1}{2}$	$\frac{1}{\sqrt{2}}$	$\frac{\sqrt{3}}{2}$
cos	$\frac{\sqrt{3}}{2}$	$\frac{1}{\sqrt{2}}$	$\frac{1}{2}$
tan	$\frac{1}{\sqrt{3}}$	1	$\sqrt{3}$

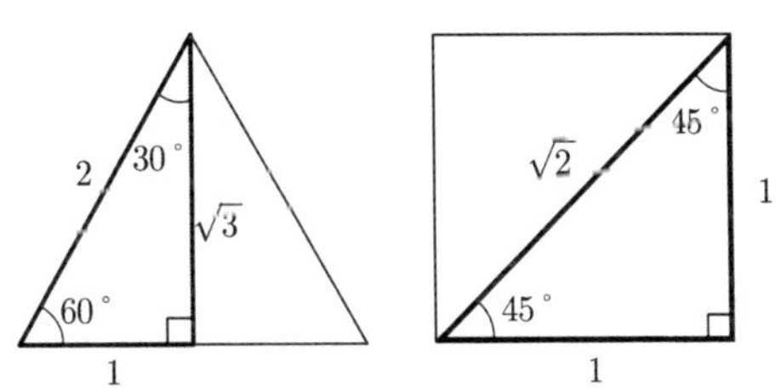

[그림 1.3.5] 특수각의 삼각비

삼각함수 사이의 상호 관계

임의의 실수 θ에 대하여 다음 관계가 성립한다.

(1) 역수 관계

$$\csc\theta = \frac{1}{\sin\theta}, \quad \sec\theta = \frac{1}{\cos\theta}, \quad \cot\theta = \frac{1}{\tan\theta}$$

(2) 상제 관계

$$\tan\theta = \frac{\sin\theta}{\cos\theta}, \quad \cot\theta = \frac{\cos\theta}{\sin\theta}$$

(3) 제곱 관계

$$\sin^2\theta + \cos^2\theta = 1, \quad \tan^2\theta + 1 = \sec^2\theta, \quad 1 + \cot^2\theta = \csc^2\theta$$

예제 1.3.2 $\sin\theta = \frac{1}{3}$일 때 나머지 삼각함수의 값을 구하여라.

풀이 $\sin\theta$가 양수이므로 θ는 제1사분면 또는 2사분면의 각이다.

$\sin\theta = \frac{1}{3}$이므로 오른쪽 직각삼각형에서 나머지 한 변은 $2\sqrt{2}$이다.

(i) θ가 1사분면의 각이라면

$$\cos\theta > 0, \quad \tan\theta > 0$$

이므로 오른쪽 삼각형으로부터

$$\cos\theta = \frac{2\sqrt{2}}{3}, \quad \tan\theta = \frac{1}{2\sqrt{2}}$$

이다.

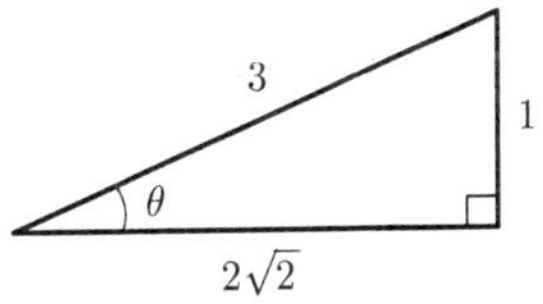

[그림 1.3.6]

(ii) θ가 2사분면 각이라면

$$\cos\theta < 0, \quad \tan\theta < 0$$

이므로

$$\cos\theta = -\frac{2\sqrt{2}}{3},\quad \tan\theta = \frac{1}{2\sqrt{2}}$$

이다. □

문제 1.3.2

$\cos\theta = -\frac{1}{2}$일 때 나머지 삼각함수의 값을 구하여라.

⟨$90°n \pm \theta$의 삼각함수 공식⟩

θ가 임의의 실수일 때,

(1) 주기 공식

$\sin(360°n+\theta) = \sin\theta,\ \cos(360°n+\theta) = \cos\theta,$

$\tan(180°n+\theta) = \tan\theta$ (단, $n = 0,\ \pm1,\ \pm2,\ \cdots$)

(2) 음각 공식

$\sin(-\theta) = -\sin\theta,\ \cos(-\theta) = \cos\theta,\ \tan(-\theta) = -\tan\theta$

(3) 보각 공식

$\sin(180° - \theta) = \sin\theta,\ \cos(180° - \theta) = -\cos\theta,$

$\tan(180° - \theta) = -\tan\theta$

(4) 여각 공식

$\sin(90° - \theta) = \cos\theta,\ \cos(90° - \theta) = \sin\theta,\ \tan(90° - \theta) = \cot\theta$

공식의 유도

위의 공식들은 모두 일반각의 삼각함수의 정의로부터 유도된다. 이를테면 음각 공식은 다음과 같이 유도된다.

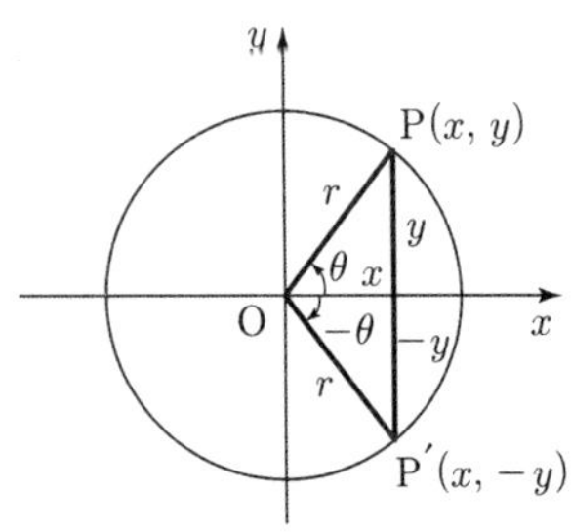

[그림 1.3.7]

$$\sin(-\theta) = \frac{-y}{r} = -\sin\theta$$

$$\cos(-\theta) = \frac{x}{r} = \cos\theta$$

$$\tan(-\theta) = \frac{-y}{x} = -\tan\theta$$

나머지 공식들에 대해서도 위와 같은 방법으로 하면 모두 유도된다. ■

참고‖ $90°n \pm \theta$의 삼각함수의 암기 방법

위의 모든 공식들의 좌변의 각은 모두 $90° \times n \pm \theta$의 꼴로 변형된다.

$90° \times n \pm \theta$에서

첫째 : n이 짝수이면 $\sin \to \sin$, $\cos \to \cos$, $\tan \to \tan$ 그대로 되며,

n이 홀수이면 $\sin \to \cos$, $\cos \to \sin$, $\tan \to \cot$로 변한다.

둘째 : θ를 항상 예각으로 간주하고(설령 둔각이든, 어떤 각이든), $90° \times n \pm \theta$가 나타내는 동경을 작도한다. 이때 그 동경이 몇 사분면에 존재하는가를 따져서 그 사분면에서의 그 삼각함수의 부호가 양이면 "+"를, 음이면 "−"를 앞에 붙인다.

삼각함수의 그래프

점 p가 단위원 위를 움직일 때, p의 x, y좌표에 의해 $\cos\theta$, $\sin\theta$의 값이 정해진다. 이로부터 삼각함수의 그래프를 그려보면 아래와 같다.

(1) $y = \sin x$의 그래프 : 아래 그림(단위원)에서 $\sin x = \mathrm{MP}$

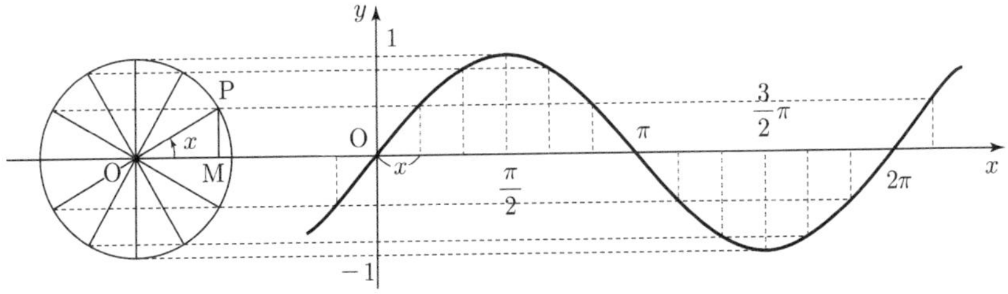

(2) $y = \cos x$의 그래프 : 아래 그림(단위원)에서 $\cos x = \mathrm{OM}$

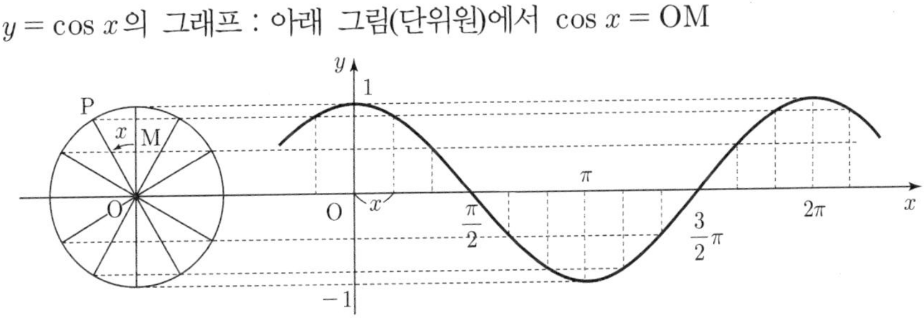

(3) $y=\tan x$의 그래프 : 아래 그림(단위원)에서 $\tan x=\mathrm{BT}$

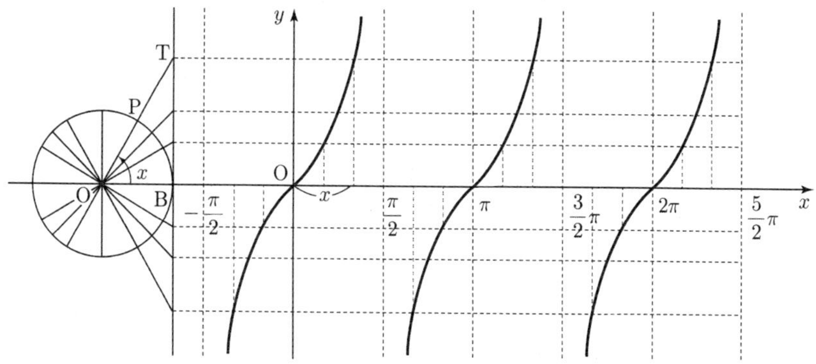

[그림 1.3.8]

위의 그림으로부터 $y=\sin x$와 $y=\cos x$는 주기가 2π인 주기함수이고, $y=\tan x$는 주기가 π인 주기함수임을 알 수 있다.

그리고 $y=\sin x$와 $y=\cos x$는 최댓값 1, 최솟값 -1을 가지며, $y=\tan x$는 최댓값과 최솟값을 가지지 않음을 쉽게 알 수 있다. 삼각함수의 최대, 최소와 주기에 관한 이론을 정리해보면 다음 표와 같다.

[표 1.3.1] 삼각함수의 최대 · 최소와 주기

삼각함수	최댓값	최솟값	주기
$y=a\sin(bx+c)+d$	$\lvert a\rvert+d$	$-\lvert a\rvert+d$	$\frac{2\pi}{\lvert b\rvert}$
$y=a\cos(bx+c)+d$	$\lvert a\rvert+d$	$-\lvert a\rvert+d$	$\frac{2\pi}{\lvert b\rvert}$
$y=a\tan(bx+c)+d$	없다	없다	$\frac{\pi}{\lvert b\rvert}$

예제 1.3.3 다음 삼각함수의 그래프를 그리고 주기와 최대, 최솟값을 구하여라.

(1) $y=3\cos\frac{x}{2}$ (2) $y=\lvert\sin x\rvert+2$

(3) $y=-\sin\left(x+\frac{\pi}{6}\right)$

풀이 (1) $y=3\cos\frac{x}{2}$는 주기는 4π, 최댓값은 3, 최솟값은 -3이고, 다음

그림과 같다.

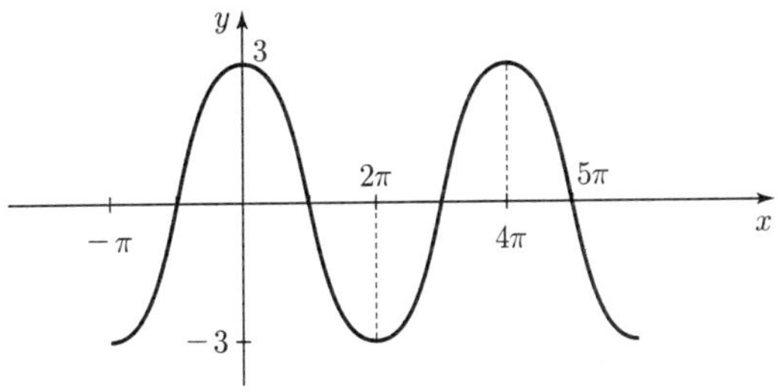

[그림 1.3.9]

(2) $y = |\sin x| + 2$의 그래프는 다음과 같고, 주기는 π, 최솟값은 2, 최댓값은 3이다.

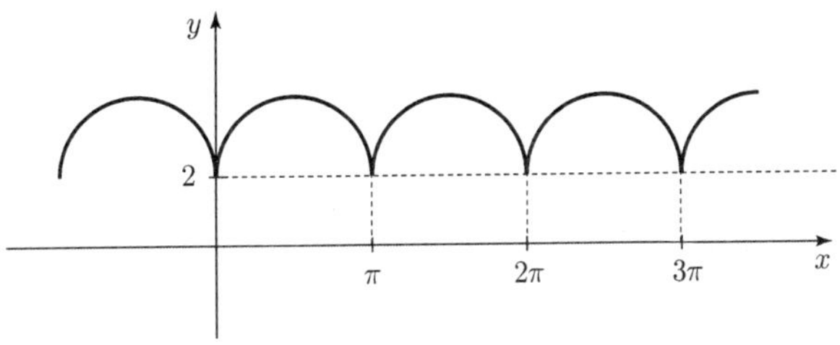

[그림 1.3.10]

(3) $y = -\sin\left(x + \frac{\pi}{6}\right)$의 그래프는 아래와 같고, 주기는 2π, 최솟값은 -1, 최댓값은 1이다.

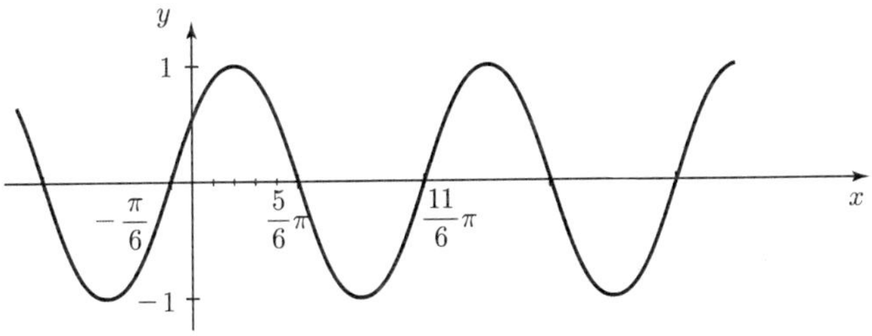

[그림 1.3.11] □

문제 1.3.3

다음 삼각함수의 그래프를 그리고, 주기와 최대, 최솟값을 구하여라.

(1) $y=2\sin\dfrac{x}{3}$

(2) $y=|\cos x|+1$

(3) $y=-\cos\left(x+\dfrac{\pi}{3}\right)$

〈삼각함수의 덧셈정리〉

$$\sin(\alpha+\beta)=\sin\alpha\cos\beta+\cos\alpha\sin\beta$$
$$\sin(\alpha-\beta)=\sin\alpha\cos\beta-\cos\alpha\sin\beta$$
$$\cos(\alpha+\beta)=\cos\alpha\cos\beta-\sin\alpha\sin\beta$$
$$\cos(\alpha-\beta)=\cos\alpha\cos\beta+\sin\alpha\sin\beta$$
$$\tan(\alpha+\beta)=\frac{\tan\alpha+\tan\beta}{1-\tan\alpha\tan\beta}$$
$$\tan(\alpha-\beta)=\frac{\tan\alpha-\tan\beta}{1+\tan\alpha\tan\beta}$$

코사인의 덧셈정리를 증명해 보자.

[그림 1.3.12]와 같이 α와 β가 임의의 두 각일 때, 점 $\mathrm{P}(\cos\alpha, \sin\alpha)$와 $\mathrm{Q}(\cos\beta, \sin\beta)$가 반지름이 1이고 원점을 중심으로 하는 원주 위에 놓여 있다. 이때 코사인법칙에 의하여

$$\begin{aligned}\overline{\mathrm{PQ}}^2&=\overline{\mathrm{OP}}^2+\overline{\mathrm{OQ}}^2-2\overline{\mathrm{OP}}\cdot\overline{\mathrm{OQ}}\cos(\alpha-\beta)\\&=2-2\cos(\alpha-\beta) \qquad \cdots\cdots \text{㉠}\end{aligned}$$

좌표평면 상의 두 점 사이의 거리 공식을 이용하면

$$\begin{aligned}\overline{\mathrm{PQ}}^2&=(\cos\alpha-\cos\beta)^2+(\sin\alpha-\sin\beta)^2\\&=2-2(\cos\alpha\cos\beta+\sin\alpha\sin\beta) \qquad \cdots\cdots \text{㉡}\end{aligned}$$

따라서 ㉠과 ㉡이 같은 식이므로 ㉠, ㉡을 비교하면

$$\cos(\alpha-\beta)=\cos\alpha\cos\beta+\sin\alpha\sin\beta \qquad \cdots\cdots \text{㉢}$$

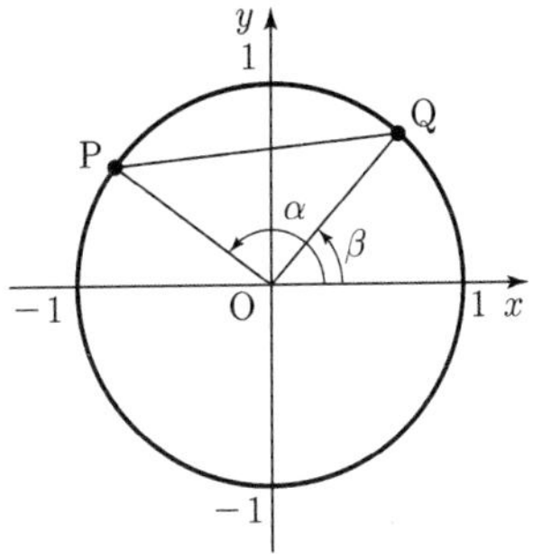

[그림 1.3.12]

㉢에 $-\beta$ 대신에 β를 대입하여 정리하면 다음 식이 성립한다.

$$\cos(\alpha+\beta)=\cos\alpha\cos\beta-\sin\alpha\sin\beta$$

예제 1.3.4 $\sin(\alpha+\beta)\sin(\alpha-\beta)=\sin^2\alpha-\sin^2\beta$임을 보여라.

풀이
$$\begin{aligned}&\sin(\alpha+\beta)\sin(\alpha-\beta)\\&=(\sin\alpha\cos\beta+\sin\beta\cos\alpha)(\sin\alpha\cos\beta-\sin\beta\cos\alpha)\\&=\sin^2\alpha\cos^2\beta-\sin^2\beta\cos^2\alpha\\&=\sin^2\alpha(1-\sin^2\beta)-\sin^2\beta(1-\sin^2\alpha)\\&=\sin^2\alpha-\sin^2\alpha\sin^2\beta-\sin^2\beta+\sin^2\beta\sin^2\alpha\\&=\sin^2\alpha-\sin^2\beta\end{aligned}$$
□

문제 1.3.4

$\sin^2\alpha+\sin^2\beta=\dfrac{3}{2}$일 때 $\cos(\alpha+\beta)\cos(\alpha-\beta)$의 값을 구하여라.

예제 1.3.5 $\sin\alpha=\dfrac{1}{3}$이고 $\sin\beta=\dfrac{1}{5}$일 때 $\cos(\alpha+\beta)$의 값을 구하여라.
(단, $0<\alpha<\dfrac{\pi}{2}$이고 $\dfrac{\pi}{2}<\beta<\pi$)

풀이 $\cos^2\theta+\sin^2\theta=1$이므로 $\sin^2\theta=1-\cos^2\theta$이다. 그런데 α는 제1사분면의 각이므로 $\cos\alpha$는 양의 값을 가지며 β는 제2사분면의 각이므

로 $\cos\beta$는 음의 값을 가진다.

$$\cos\alpha = \sqrt{1-\sin^2\alpha} = \sqrt{1-\left(\frac{1}{3}\right)^2} = \frac{2\sqrt{2}}{3},$$

$$\cos\beta = \sqrt{1-\sin^2\beta} = -\sqrt{1-\left(\frac{1}{5}\right)^2} = -\frac{2\sqrt{6}}{5}$$

이므로 코사인의 덧셈정리에 의해

$$\begin{aligned}\cos(\alpha+\beta) &= \cos\alpha\cos\beta - \sin\alpha\sin\beta \\ &= \frac{2\sqrt{2}}{3}\left(-\frac{2\sqrt{6}}{5}\right) - \frac{1}{3}\times\frac{1}{5} \\ &= -\frac{1+8\sqrt{3}}{15}\end{aligned}$$

□

문제 1.3.5

$\triangle ABC$에서 $\cos A = \frac{1}{3}$, $\cos B = \frac{2\sqrt{2}}{3}$일 때 $\cos C$의 값을 구하여라.

〈배각공식과 반각공식〉

(1) 배각공식

① $\sin 2\theta = 2\sin\theta\cos\theta$

② $\cos 2\theta = \cos^2\theta - \sin^2\theta = 2\cos^2\theta - 1 = 1 - 2\sin^2\theta$

③ $\tan 2\theta = \dfrac{2\tan\theta}{1-\tan^2\theta}$

(2) 반각공식

① $\sin^2\dfrac{\theta}{2} = \dfrac{1-\cos\theta}{2}$

② $\cos^2\dfrac{\theta}{2} = \dfrac{1+\cos\theta}{2}$

③ $\tan^2\dfrac{\theta}{2} = \dfrac{1-\cos\theta}{1+\cos\theta}$

앞에서 배운 삼각함수의 덧셈정리에 $\alpha = \beta$를 대입하여 정리하면 배각공식을 얻을 수 있다.

여기에 항등식 $\cos^2\alpha + \sin^2\alpha = 1$을 끼워넣으면 몇 가지 재미있는 식을 발견할 수 있다. 그 중에서도 가장 중요한 것은

$$\begin{aligned}\cos 2\alpha = \cos^2\alpha - \sin^2\alpha = \cos^2\alpha - (1-\cos^2\alpha) &= 2\,os^2\alpha - 1 \\ = (1-\sin^2\alpha) - \sin^2\alpha &= 1 - 2\sin^2\alpha\end{aligned}$$

이다. 코사인에 관한 배각공식으로부터 우리는 반각공식을 얻을 수 있음을 쉽게 확인할 수 있다.

예제 1.3.6 $\sin\alpha = \dfrac{1}{3}$이고 $\dfrac{\pi}{2} < \alpha < \pi$일 때 $\sin 2\alpha$와 $\cos 2\alpha$의 값을 구하여라.

풀이 $\cos^2\alpha = 1 - \sin^2\alpha = \dfrac{8}{9}$이다. 그런데 $\dfrac{\pi}{2} < \alpha < \pi$이므로 $\cos\alpha$는 음수값을 가진다. 따라서 $\cos\alpha = -\dfrac{2\sqrt{2}}{3}$이고, 배각공식에 의하여

$$\sin 2\alpha = 2\sin\alpha\cos\alpha = -\frac{4\sqrt{2}}{9},$$

$$\cos 2\alpha = 2\cos^2\alpha - 1 = 2\left(\frac{8}{9}\right) - 1 = \frac{7}{9}.$$ □

문제 1.3.6

$\sin\alpha + \cos\alpha = \dfrac{1}{2}$일 때 $\sin 2\alpha$, $\cos 2\alpha$의 값을 구하여라.

합 또는 차와 곱 사이의 변환공식

(1) 곱을 합 또는 차로

$$\sin\alpha\cos\beta = \frac{1}{2}\{\sin(\alpha+\beta) + \sin(\alpha-\beta)\}$$

$$\cos\alpha\sin\beta = \frac{1}{2}\{\sin(\alpha+\beta) - \sin(\alpha-\beta)\}$$

$$\cos\alpha\cos\beta=\frac{1}{2}\{\cos(\alpha+\beta)+\cos(\alpha-\beta)\}$$

$$\sin\alpha\sin\beta=-\frac{1}{2}\{\cos(\alpha+\beta)-\cos(\alpha-\beta)\}$$

다음은 사인과 코사인에 대한 덧셈정리 공식들이다.

$$\sin(\alpha+\beta)=\sin\alpha\cos\beta+\sin\beta\cos\alpha \quad \cdots\cdots \text{㉠}$$
$$\sin(\alpha-\beta)=\sin\alpha\cos\beta-\sin\beta\cos\alpha \quad \cdots\cdots \text{㉡}$$
$$\cos(\alpha+\beta)=\cos\alpha\cos\beta-\sin\alpha\sin\beta \quad \cdots\cdots \text{㉢}$$
$$\cos(\alpha-\beta)=\cos\alpha\cos\beta+\sin\alpha\sin\beta \quad \cdots\cdots \text{㉣}$$

㉠+㉡ : $\sin(\alpha+\beta)+\sin(\alpha-\beta)=2\sin\alpha\cos\beta$

㉠−㉡ : $\sin(\alpha+\beta)-\sin(\alpha-\beta)=2\cos\alpha\sin\beta$

코사인의 덧셈정리에 대해서도 마찬가지 방법으로 식을 조작해보자.

㉢+㉣ : $\cos(\alpha+\beta)+\cos(\alpha-\beta)=2\cos\alpha\cos\beta$

㉢−㉣ : $\cos(\alpha+\beta)-\cos(\alpha-\beta)=-2\sin\alpha\sin\beta$

위 네 식을 정리하면

$$\sin\alpha\cos\beta=\frac{1}{2}\{\sin(\alpha+\beta)+\sin(\alpha-\beta)\}$$

$$\cos\alpha\sin\beta=\frac{1}{2}\{\sin(\alpha+\beta)-\sin(\alpha-\beta)\}$$

$$\cos\alpha\cos\beta=\frac{1}{2}\{\cos(\alpha+\beta)+\cos(\alpha-\beta)\}$$

$$\sin\alpha\sin\beta=-\frac{1}{2}\{\cos(\alpha+\beta)-\cos(\alpha-\beta)\}$$

여기서 $A=\alpha+\beta$, $B=\alpha-\beta$라 두면 아래의 합 또는 차를 곱으로 고치는 공식을 얻을 수 있다.

(2) 합 또는 차를 곱으로

$$\sin A+\sin B=2\sin\frac{A+B}{2}\cos\frac{A-B}{2}$$

$$\sin A - \sin B = 2\cos\frac{A+B}{2}\sin\frac{A-B}{2}$$

$$\cos A + \cos B = 2\cos\frac{A+B}{2}\cos\frac{A-B}{2}$$

$$\cos A - \cos B = -2\sin\frac{A+B}{2}\sin\frac{A-B}{2}$$

예제 1.3.7 곱을 합 또는 차로 변형하는 공식을 이용하여 $\sin 15°$의 값을 구하여라.

풀이 곱을 합 또는 차로 변형하는 공식에 의해

$$\cos 45° \sin 15° = \frac{1}{2}(\sin 60° - \sin 30°) = \frac{\sqrt{3}-1}{4}$$

이 성립한다. $\dfrac{\sqrt{2}}{2} = \cos 45°$이므로 $\dfrac{\sqrt{2}}{2}\sin 15° = \dfrac{\sqrt{3}-1}{4}$.

$$\therefore\ \sin 15° = \frac{\sqrt{6}-\sqrt{2}}{4}$$ □

예제 1.3.8 $\cos 20° \cos 40° \cos 80°$의 값을 구하여라.

풀이

$$\begin{aligned}\cos 20° \cos 40° \cos 80° &= -\cos(-20°)\cos 40° \cos(180° - 80°)\\ &= -\cos(-20°)\cos 100° \cos 40°\\ &= -\frac{1}{2}(\cos 80° + \cos 120°)\cos 40°\\ &= -\frac{1}{2}\left(\cos 80° \cos 40° - \frac{1}{2}\cos 40°\right)\\ &= -\frac{1}{4}(\cos 120° + \cos 40° - \cos 40°)\\ &= -\frac{1}{4}\left(-\frac{1}{2}\right) = \frac{1}{8}\end{aligned}$$ □

예제 1.3.9 합 또는 차를 곱으로 고치는 공식을 이용하여 $\sin 75° + \sin 15°$의 값을 구하여라.

풀이 $\sin 75° + \sin 15° = 2\sin\frac{75° + 15°}{2}\cos\frac{75° - 15°}{2}$

$$= 2\sin 45° \cos 30°$$

$$= 2 \cdot \frac{1}{\sqrt{2}} \cdot \frac{\sqrt{3}}{2} = \frac{\sqrt{6}}{2}$$ □

문제 1.3.7

1. $\tan\alpha = 2$일 때 $\sin 2\alpha$, $\cos 2\alpha$, $\tan 2\alpha$의 값을 각각 구하여라.

2. $\tan\frac{\alpha}{2} = 2$일 때 $\sin\alpha$, $\cos\alpha$, $\tan\alpha$의 값을 각각 구하여라.

3. $\cos 40° \cos 80° \cos 160°$의 값을 구하여라.

4. $\sin 80° - \sin 40° - \sin 20°$의 값을 구하여라.

역삼각함수

정의역을 실수 전체로 하는 경우 $y = \sin x$는 단사함수가 아니다. 따라서 역함수를 생각할 수 없다. 그러나 정의역을 적당히 제한함으로써 역함수를 갖게 할 수 있다.

예를 들어 정의역을 구간 $(2n-1)\frac{\pi}{2} \le x \le (2n+1)\frac{\pi}{2}$ 중의 어느 하나로 택하면 전단사함수가 되므로 역함수를 구할 수 있고, 이 역함수를 역사인함수라 하며 $y = \arcsin x$ 또는 $y = \sin^{-1}x$로 표시한다. $\sin^{-1}x$의 치역으로는 편의상

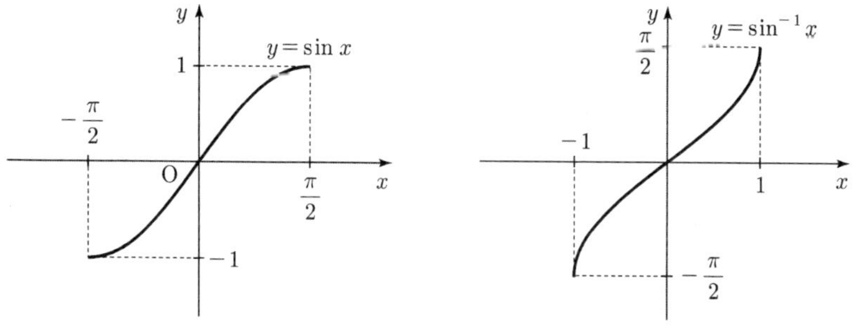

[그림 1.3.13]

$\left[-\frac{\pi}{2}, \frac{\pi}{2}\right]$를 택하며 이를 **주치**(principal value)라 한다.

같은 방법으로 $y=\cos x$에서 정의역을 구간 $[0, \pi]$로 제한한 함수는 전단사이므로 그 역함수가 존재한다. 이 역함수를 $y=\text{arc}\cos x$ 또는 $y=\cos^{-1}x$로 표시한다.

$y=\tan x$ 역시 정의역을 구간 $\left(-\frac{\pi}{2}, \frac{\pi}{2}\right)$로 제한한 함수는 전단사이므로 그 역함수가 존재하며 $y=\text{arc}\tan x$ 또는 $y=\tan^{-1}x$로 표시한다.

또 역삼각함수의 정의에 의해 $\sin^{-1}\frac{1}{2}=\frac{\pi}{6}$, $\cos^{-1}\left(-\frac{1}{2}\right)=\frac{2}{3}\pi$, $\tan^{-1}\sqrt{3}=\frac{\pi}{3}$이다.

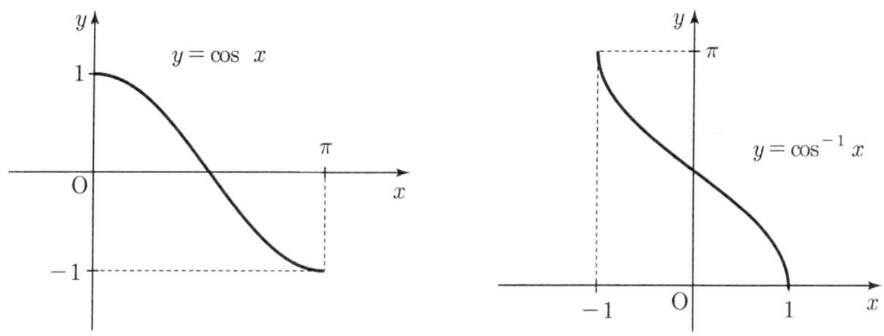

[그림 1.3.14]

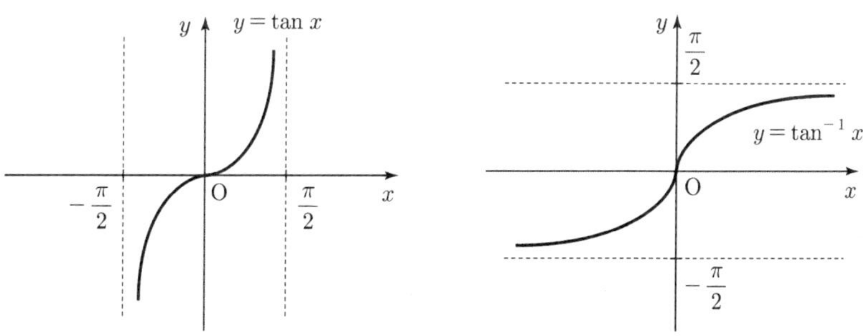

[그림 1.3.15]

예제 1.3.10 $[-1, 1]$에 속하는 각 x에 대하여 $\sin(\cos^{-1}x)=\sqrt{1-x^2}$임을 보여라.

풀이 $t=\cos^{-1}x$라 하면 $x=\cos t$이고 $t\in[0, \pi]$이다.

$\sin^2 t = 1 - \cos^2 t = 1 - x^2$이므로 $\sin t = \pm\sqrt{1-x^2}$이다.

그런데 $t \in [0,\ \pi]$이므로 $\sin t \geq 0$이다.

따라서 $\sin t = \sqrt{1-x^2}$.

$$\therefore\ \sin(\cos^{-1} x) = \sqrt{1-x^2}$$ □

예제 1.3.11 $\tan^{-1}\frac{1}{2} + \tan^{-1}\left(-\frac{1}{3}\right)$을 간단히 하여라.

풀이 $\tan^{-1}\frac{1}{2} = x,\ \tan^{-1}\left(-\frac{1}{3}\right) = y$라 하면

$$\tan x = \frac{1}{2},\ \tan y = -\frac{1}{3}.$$

$$\begin{aligned}\therefore\ \tan^{-1}\frac{1}{2} + \tan^{-1}\left(-\frac{1}{3}\right) &= x + y \\ &= \tan^{-1}\tan(x+y) \\ &= \tan^{-1}\frac{\tan x + \tan y}{1 - \tan x \tan y} \\ &= \tan^{-1}\frac{\frac{1}{2} + \left(-\frac{1}{3}\right)}{1 - \frac{1}{2}\left(-\frac{1}{3}\right)} \\ &= \tan^{-1}\frac{1}{7}\end{aligned}$$ □

문제 1.3.8

$\tan^{-1}\frac{1}{3} + \tan^{-1}\left(-\frac{1}{2}\right)$을 간단히 하여라.

연·습·문·제 1.3

EXERCISES

1. θ가 제3사분면의 각이고 $\tan\theta = 3$일 때 $\sin\theta$와 $\cos\theta$의 값을 구하여라.

2. α와 β가 모두 예각이고 $\sin\alpha = \frac{13}{14}$, $\sin\beta = \frac{11}{14}$이라 하자. 이때 $\sin(\alpha+\beta)$와 $\cos(\alpha+\beta)$의 값을 구하여라.

3. $\sin\alpha + \cos\beta = \frac{1}{2}$일 때 $\sin 2\alpha$, $\tan 2\alpha$의 값을 각각 구하여라.

4. 다음 등식이 성립함을 증명하여라.
   (1) $\sin 3\theta = 3\sin\theta - 4\sin^3\theta$
   (2) $\cos^3\theta = 4\cos^3\theta - 3\cos\theta$

5. 다음 식을 간단히 하여라.
   (1) $\sin 33^\circ \cos 27^\circ + \sin 27^\circ \cos 33^\circ$
   (2) $\dfrac{\tan 27^\circ + \cot 62^\circ}{1 - \cot 63^\circ + \tan 28^\circ}$
   (3) $\cos 41^\circ - \cos 21^\circ$
   (4) $\cos 75^\circ \cos 15^\circ$

6. 다음 삼각함수의 그래프를 그리고, 주기와 최솟값 및 최댓값을 구하여라.
   (1) $y = -2\sin\pi x + 1$
   (2) $y = \cos\frac{x}{3} + 1$
   (3) $y = |\cos x| - 3$
   (4) $y = |\tan x|$

7. 다음 값을 구하여라.
   (1) $\cos^{-1}0$
   (2) $\tan^{-1}\frac{1}{\sqrt{3}}$
   (3) $\sin^{-1}\left(-\frac{1}{2}\right)$

8. 다음 식을 간단히 하여라.

(1) $\cos^{-1}\frac{4}{5}+\cos^{-1}\frac{3}{5}$

(2) $\tan^{-1}2-\tan^{-1}(-3)$

(3) $\sin^{-1}1-\sin^{-1}(-1)$

(4) $\sin^{-1}\frac{3}{5}+\cos^{-1}\frac{12}{13}$

9. $\cos(\sin^{-1}x)=\sqrt{1-x^2}$ 임을 증명하여라.

∷ 1.4 쌍곡선함수와 역쌍곡선함수

함수 $f(x)$에 대하여

$$f(x) = \frac{f(x)+f(-x)}{2} + \frac{f(x)-f(-x)}{2}$$

이다. 우변의 첫째 항을 $f_1(x)$로, 둘째 항을 $f_2(x)$로 나타내면 $f_1(x)$는 우함수이고, $f_2(x)$는 기함수이다. 그런 의미에서 $f_1(x)$를 $f(x)$의 **우함수 부분**(even part), $f_2(x)$를 **기함수 부분**(odd part)이라고 한다.

지수함수 e^x을 우함수 부분과 기함수 부분으로 나누면

$$e^x = \frac{e^x + e^{-x}}{2} + \frac{e^x - e^{-x}}{2}$$

이다. 이때 e^x의 우함수 부분과 기함수 부분을 각각 $\cosh x$, $\sinh x$로 나타낸다. 즉

$$\cosh x = \frac{e^x + e^{-x}}{2}, \quad \sinh x = \frac{e^x - e^{-x}}{2}$$

이다. 이 함수를 각각 hyperbolic cosine 함수, hyperbolic sine 함수라고 한다.

또 e^x의 기함수 부분을 우함수 부분으로 나눈 것을 $\tanh x$로 나타낸다. 즉

$$\tanh x = \frac{e^x - e^{-x}}{e^x + e^{-x}}$$

이다. 이 함수를 hyperbolic tangent 함수라고 한다.

$$\text{sihn}\, x = \frac{e^x - e^{-x}}{2}, \quad \cosh x = \frac{e^x + e^{-x}}{2}$$

$$\tanh x = \frac{e^x - e^{-x}}{e^x + e^{-x}}, \quad \coth x = \frac{\cosh x}{\sinh x}$$

$$\text{sech}\, x = \frac{1}{\cosh x}, \quad \text{csch}\, x = \frac{1}{\sinh x}$$

이 함수들의 그래프는 다음과 같다.

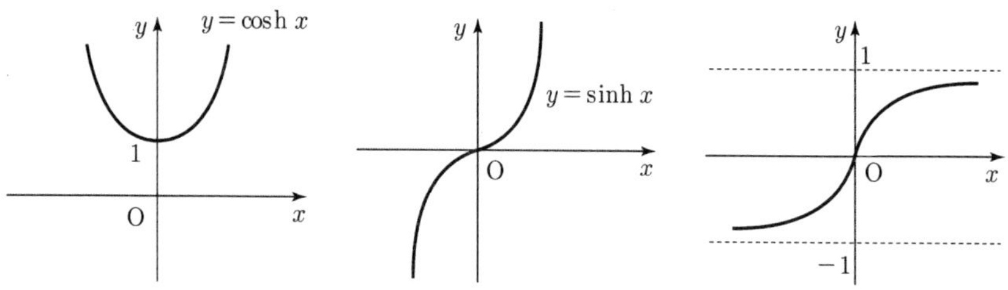

[그림 1.4.1]

예제 1.4.1 다음을 증명하여라.

(1) $\cosh^2 x - \sinh^2 x = 1$

(2) $\sinh(x+y) = \sinh x \cdot \cosh y + \cosh x \cdot \sinh y$

(3) $\tanh(x+y) = \dfrac{\tanh x + \tanh y}{1 + \tanh x \cdot \tanh y}$

풀이 (1)
$$\cosh^2 x - \sinh^2 x = \left(\frac{e^x + e^{-x}}{2}\right)^2 - \left(\frac{e^x - e^{-x}}{2}\right)^2$$
$$= \frac{(e^{2x} + 2 + e^{-2x}) - (e^{2x} - 2 + e^{-2x})}{4}$$
$$= 1$$

(2) $\sinh x = \dfrac{e^x - e^{-x}}{2}$, $\cosh x = \dfrac{e^x + e^{-x}}{2}$이므로 두 식을 더하면 $e^x = \sinh x + \cosh x$, 두 식을 빼면 $e^{-x} = \cosh x - \sinh x$를 얻는다.

$$\sinh(x+y) = \frac{e^{x+y} - e^{-x-y}}{2}$$
$$= \frac{e^x \cdot e^y - e^{-x} \cdot e^{-y}}{2}$$
$$= \frac{1}{2}\{(\sinh x + \cosh x)(\sinh y + \cosh y)$$
$$- (\cosh x - \sinh x)(\cosh y - \sinh y)\}$$
$$= \sinh x \cdot \cosh y + \cosh x \cdot \sinh y$$

(3) $\tanh(x+y) = \dfrac{\sinh(x+y)}{\cosh(x+y)} = \dfrac{\sinh x \cosh y + \cosh x \sinh y}{\cosh x \cosh y + \sinh x \sinh y}$

$$= \frac{\dfrac{\sinh x}{\cosh x} + \dfrac{\sinh y}{\cosh y}}{1 + \dfrac{\sinh x \sinh y}{\cosh x \cosh y}} = \frac{\tanh x + \tanh y}{1 + \tanh x \cdot \tanh y} \qquad \square$$

문제 1.4.1

다음을 증명하여라.

(1) $1 - \tanh^2 x = \operatorname{sech}^2 x$

(2) $\coth^2 x - 1 = \operatorname{cosech}^2 x$

(3) $\cosh(x+y) = \cosh x \cdot \cosh y + \sinh x \cdot \sinh y$

쌍곡선함수의 그래프에서 $y = \sinh x$와 $y = \tanh x$는 역함수를 가지나, $y = \cosh x$는 역함수를 갖지 않음을 알 수 있다. 마찬가지로 $y = \operatorname{csch} x$와 $y = \coth x$는 역함수를 갖고, $y = \operatorname{sech} x$는 역함수를 갖지 않는다.

삼각함수의 정의역을 제한함으로써 역삼각함수를 얻는 것과 마찬가지로 $y = \cosh x$나 $y = \operatorname{sech} x$도 정의역을 $[0, \infty)$로 제한하면 역함수를 얻을 수 있다.

따라서 역쌍곡선함수들은 다음과 같이 정의된다.

정의 1.4.1

$y = \sinh^{-1} x \iff x = \sinh y$

$y = \cosh^{-1} x \iff x = \cosh y,\ y \geq 0$

$y = \tanh^{-1} x \iff x = \tanh y$

$y = \coth^{-1} x \iff x = \coth y$

$y = \operatorname{sech}^{-1} x \iff x = \operatorname{sech} y,\ y \geq 0$

$y = \operatorname{csch}^{-1} x \iff x = \operatorname{csch} y$

쌍곡선함수는 밑이 e인 지수의 항으로 정의되어 있기 때문에 역쌍곡선함수는 밑이 e인 로그의 항으로 나타낼 수 있다. e를 밑으로 하는 로그를 **자연로그**(natural logarism) 또는 Napier의 로그라 하고, $\log_e N$을 $\ln N$으로 나타낸다.

예제 1.4.2 다음 식을 증명하여라.

$$\sinh^{-1} x = \ln(x + \sqrt{x^2+1})$$

풀이 $y = \sinh^{-1} x$라고 놓으면

$$x = \sinh y = \frac{e^y - e^{-y}}{2}$$

$2e^y$을 양변에 곱하여 정돈하면

$$(e^y)^2 - 2xe^y - 1 = 0$$

이차방정식의 근의 공식에 의하여

$$e^y = x \pm \sqrt{x^2+1}$$

그러나 $e^y > 0$이므로 $e^y = x + \sqrt{x^2+1}$.

$$\therefore \ y = \ln(x + \sqrt{x^2+1})$$ □

위의 예와 같은 방법으로 나머지 역쌍곡선함수들도 로그의 항으로 나타낼 수 있으며 다음과 같다.

정리 1.4.1 역쌍곡선함수의 로그 표현법

$$\sinh^{-1} x = \ln(x + \sqrt{x^2+1})$$

$$\cosh^{-1} x = \ln(x + \sqrt{x^2-1}) \ (x \geq 1)$$

$$\tanh^{-1} x = \frac{1}{2}\ln\frac{1+x}{1-x} \ (|x| < 1)$$

$$\coth^{-1} x = \frac{1}{2}\ln\frac{1+x}{1-x} \ (|x| > 1)$$

$$\operatorname{sech}^{-1} x = \ln\left(\frac{1}{x} \pm \sqrt{\frac{1}{x^2} - 1}\right) \ (0 < x \leq 1)$$

$$\operatorname{csch}^{-1} x = \ln\left(\frac{1}{x} \pm \sqrt{\frac{1}{x^2} + 1}\right) \ (x \neq 0)$$

연·습·문·제 1.4

EXERCISES

1. $\cosh(-x)$, $\sinh(-x)$, $\tanh(-x)$를 $\cosh x$, $\sinh x$, $\tanh x$로 나타내고 증명하여라.

2. $\sinh 2x$, $\cosh 2x$, $\tanh 2x$에 대한 배각공식을 구하여라.

3. 다음 각 항등식을 증명하여라.
   (1) $\operatorname{sech} x + \sinh x \cdot \tanh x = \cosh x$
   (2) $\operatorname{costh} x - \tanh x = \operatorname{sech} x \cdot \operatorname{csch} x$
   (3) $\sinh^2 x - \sinh^2 y = \sinh(x+y)\sinh(x-y)$

생각해 보기

로그자에 대한 이야기

$n=b^x$ 이면 우리는 x를 밑이 b인 로그에 대한 n의 값이라고 하고 $x=\log_b n$과 같이 쓴다.

이 정의에 따르면 로그의 법칙은 지수의 법칙을 다시 서술한 것에 불과하다. 수학사에 있어서 이상한 사실 중 하나는 로그가 지수가 사용되기 이전에 발견되었다는 사실이다.

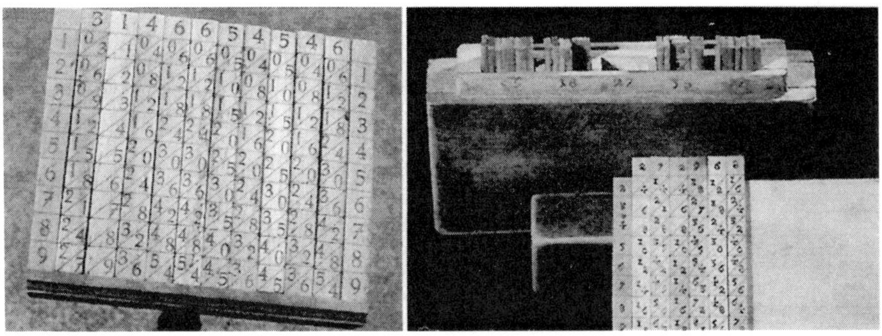

네이피어의 막대 1617

후에 네이피어는 자동적으로 곱셈, 나눗셈, 제곱근을 구하는 데 사용되는 '네이피어의 막대(Napier's rods)' 또는 '네이피어의 뼈(Napier's bones)'라고 알려진 도구를 발명하게 된다.

각에 대한 사인과 탄젠트의 상용로그표를 최초로 만들었던 건터는 로그자를 고안해냈다. 그것은 그 자의 왼쪽 끝부터의 거리가 정해진 수의 로그값과 비례하도록 만들어진 것으로써 한 쌍의 분할기의 도움으로 그 자의 선분을 더하고 빼서 곱셈과 나눗셈을 자동적으로 계산해준다.

서로 같은 두 개의 로그자를 사용해서 그림에서 보여주는 것과 같이 하나를 움직여서 덧셈과 뺄셈을 시행하는 생각은 오트레드(W. Oughtred, 1574~1660)에 의한 것이었다.

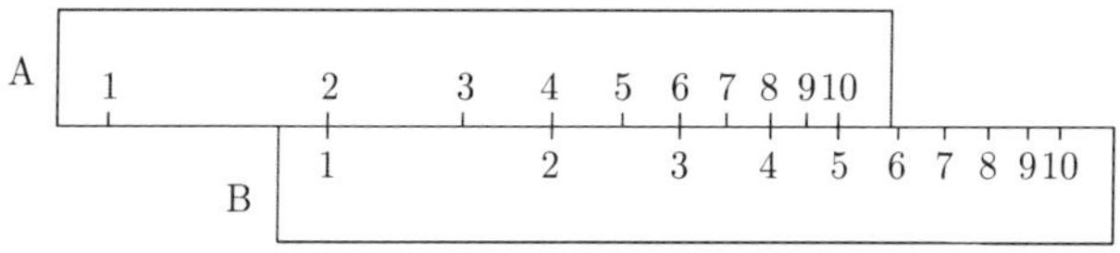

위의 그림에서 로그자의 특성을 따져 보자.

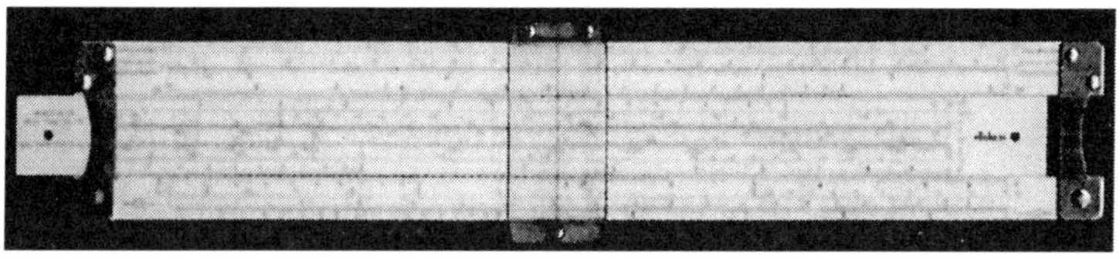

로그자

A와 B는 모두 $\log x$의 위치에 x를 표현한 것이다.

A자의 2의 위치에 B자의 1이 위치하고 있다. 이것은 B자에 A자의 2를 더했음을 의미한다. 다음을 보자.

B		A
2	→	4
3	→	6
4	→	8
5	→	10

여기서 B자에 A자의 2를 더했다는 사실을 상기하면

$$\log 2 + \log 2 = \log 4$$
$$\log 2 + \log 3 = \log 6$$
$$\log 2 + \log 4 = \log 8$$
$$\log 2 + \log 5 = \log 10$$

위와 같이 각각의 숫자에 대응된 것은 A자의 2에 B자의 숫자를 곱한 것과 같은 결과를 나타내고 이런 로그자를 이용하여 곱셈과 나눗셈을 할 수 있다.

예제 다음 로그자는 기점 1에서의 거리가 $\log x$인 점에 눈금 x를 표시한 자이다.

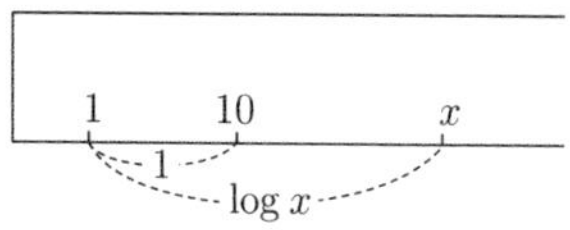

눈금이 100인 점을 A, 100000인 점을 B라 할 때 선분 AB를 1 : 2로 내분한 점 C의 좌표(눈금)를 구하면?

① 100　　② $100\sqrt{10}$
③ 1000　　④ $1000\sqrt{10}$
⑤ 10000

풀이

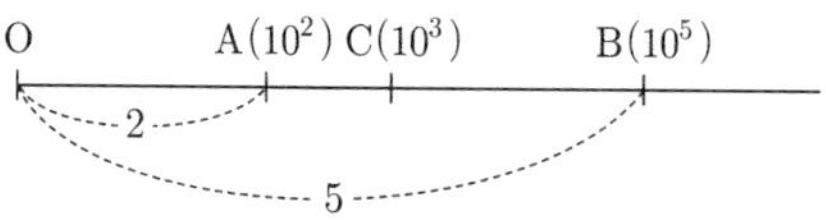

$\overline{AB}$를 1 : 2로 내분한 점을 C라 할 때 $\overline{AC}$는 1이므로 $\overline{OC}$는 3이다.

$\log x = 3$이므로 $x = 10^3 = 1000$이다. □

문제

A, B 두 자는 어떤 길이를 단위로 하여 $\log x$의 위치에 x눈금을 한 자이고, C, D 두 자는 A, B 두 자의 단위길이의 두 배를 단위로 하여 $\log y$의 위치에 y눈금을 매긴 자이다. 다음 물음에 답하여라.

(1) 오른쪽 그림과 같이 A자와 D자는 기점이 맞추어져 있고, 또 B자와 C자도 기점이 맞아 있을 때, C자의 눈금 1(기점)에 맞춰져 있는 D자의 눈금을 a라 하면 B자의 눈금 a에 맞는 A자의 눈금 b 사이의 관계를 구하면?

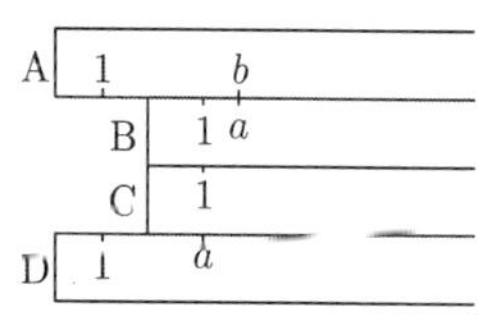

① $b = a$　　② $b = a^2$
③ $b = a^3$　　④ $b = \sqrt{a}$
⑤ $b = \sqrt[3]{a}$

(2) 오른쪽 그림과 같이 B, C자의 방향을 A, D자의 방향과 반대가 되도록 놓고 C자의 눈금 1(기점)과 맞는 A자의 눈금을 a라 하고 B자의 눈금과 D자의 눈금이 동일한 점을 구하여 이를 b라 하면 a와 b 사이의 관계를 구하면?

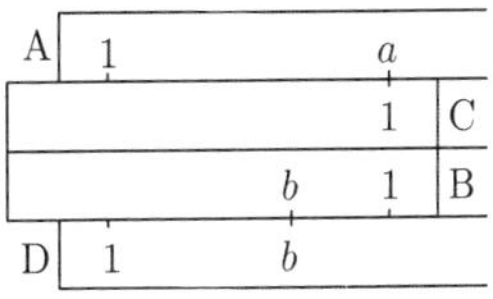

① $b=a$ ② $b=a^2$

③ $b=a^3$ ④ $b=\sqrt{a}$

⑤ $b=\sqrt[3]{a}$

제2장

연립일차방정식

현대 사회에서 자연과학이나 공학 및 사회과학의 여러 가지 복잡한 문제들에 대한 수학적 모델에서 연립일차방정식을 자주 보게 된다. 이러한 연립일차방정식의 풀이는 상업, 경제학, 생태학, 정치학, 물리학과 같은 여러 분야의 응용에서 필수적으로 사용되고 있다. 연립일차방정식을 풀 때는 행렬을 이용하면 훨씬 체계적이고 편리하게 해를 구할 수 있다. 이 장에서는 행렬을 이용하여 연립일차방정식의 해를 구하는 방법을 공부한다.

2.1 연립일차방정식

다음과 같은 형태의 방정식을 n개의 미지수를 갖는 **일차방정식**(linear equation)이라 한다.

$$a_1x_1 + a_2x_2 + \cdots + a_nx_n = b$$

단, 여기서 $a_1, a_2, \cdots, a_n$과 b는 실수이고 $x_1, x_2, \cdots, x_n$은 변수이다.

두 개 이상의 일차방정식으로 이루어진 방정식을 **연립일차방정식**(system of linear equations)이라고 한다. 일반적으로 n개의 미지수와 m개의 일차방정식으로 이루어진 연립일차방정식을 $\boldsymbol{m \times n}$ **연립일차방정식**이라 하고 형태는 다음과 같다.

$$(*) \qquad \begin{cases} a_{11}x_1 + a_{12}x_2 + \cdots + a_{1n}x_n = b_1 \\ a_{21}x_1 + a_{22}x_2 + \cdots + a_{2n}x_n = b_2 \\ \quad\vdots \qquad \vdots \qquad\qquad \vdots \\ a_{m1}x_1 + a_{m2}x_2 + \cdots + a_{mn}x_n = b_m \end{cases}$$

여기서, a_{ij}는 **계수**(coefficient), b_i는 **상수항**(constant term)이라 하고 실수값으로 주어진다. 연립일차방정식 $(*)$의 모든 식을 만족하는 미지수의 값

$$x_1 = \alpha_1, \ x_2 = \alpha_2, \ \cdots, \ x_n = \alpha_n$$

을 연립일차방정식 $(*)$의 해(solution)라 하고

$$(\alpha_1, \ \alpha_2, \ \cdots, \ \alpha_n)$$

과 같이 행벡터로 나타내거나 또는 열벡터를 써서

$$\begin{pmatrix} \alpha_1 \\ \alpha_2 \\ \vdots \\ \alpha_n \end{pmatrix}$$

과 같이 나타낸다. 해를 가지지 않을 때, **불능**(inconsistent)이라 한다. 연립일차방정식의 모든 해들의 집합을 **해집합**(solution set)이라 하는데, 주어진 연립일차방정식이 불능이면 그 해집합은 공집합이고, 해를 갖는 연립일차방정식은 공집합이 아닌 해집합을 갖는다.

연립방정식을 나타낼 때 식에 포함된 미지수의 순서를 $x_1, x_2, \cdots, x_n$의 순으로 고정하기로 한다. 이때 연립일차방정식의 각 식에서 처음으로 0이 아닌 계수를 갖는 미지수를 그 식의 **선행변수**(leading variable)라 한다.

예제 2.1.1 다음 연립일차방정식의 각 식의 선행변수는 x_1, x_4, x_5이다.

$$\begin{cases} 3x_1 + 2x_2 + x_3 = 1 \\ \qquad\qquad x_4 - x_5 = 2 \\ \qquad\qquad\quad 2x_5 = 4 \end{cases}$$ □

이제 일반적인 연립일차방정식의 해법에 대하여 알아보자. 먼저 해를 쉽게 구할 수 있는 특수한 형태의 연립일차방정식들과 그 해법에 대해 알아보기로 하자.

정의 2.1.1

$n \times n$ 연립일차방정식의 임의의 k번째 식의 선행변수가 x_k일 때, 이러한 연립일차방정식을 **삼각꼴 연립일차방정식**(triangular linear system, triangular form)이라 한다.

예제 2.1.2 연립일차방정식

$$\begin{cases} 3x_1 - 2x_2 + \ \ x_3 = 4 \\ \qquad\ \ 5x_2 - 5x_3 = 5 \\ \qquad\qquad\quad 2x_3 = 6 \end{cases}$$

은 삼각꼴이다. 세 번째 방정식으로부터 $x_3 = 3$을 얻으며, 이를 두 번째 방정식에 대입하면 $5x_2 - 15 = 5$ 또는 $x_2 = 4$를 얻고, $x_2 = 4$, $x_3 = 3$을 첫 번째 방정식에 대입하면 $x_1 = 3$을 얻게 되어 해는 $(3,\ 4,\ 3)$이다. □

일반적인 $n \times n$ 삼각꼴 연립일차방정식은 예제 2.1.2와 같은 방법으로 쉽게 해를 구할 수 있다. 예제에서와 같이 뒤에서부터 차례로 대입함으로써 삼각꼴 연립일차방정식을 쉽게 풀 수 있는데, 이러한 방법을 **후진대입법**이라 한다.

예제 2.1.3 다음 연립일차방정식을 풀어라.

(1) $\begin{cases} x_1 + 2x_2 + x_3 = 3 \\ \qquad\ \ x_2 + x_3 = 2 \\ \qquad\qquad\ \ x_3 = 4 \end{cases}$ (2) $\begin{cases} x_1 + 4x_2 + 2x_3 = 1 \\ \qquad\ \ x_2 + \ \ x_3 = -1 \\ \qquad\quad - 3x_3 = 9 \end{cases}$

풀이 (1) 삼각꼴이므로 후진대입법을 이용하면 $x_3 = 4$, $x_2 = -2$, $x_1 = 3$을 얻는다.

(2) 삼각꼴이므로 후진대입법을 이용하면 $x_3 = -3$, $x_2 = 2$, $x_1 = -1$을 얻는다. □

문제 2.1.1

다음 연립일차방정식을 풀어라.

(1) $\begin{cases} x - y - \ \ z = 2 \\ \qquad y + 3z = 5 \\ \qquad\quad\ 5z = 10 \end{cases}$ (2) $\begin{cases} x - \ \ y + \ \ z = 0 \\ \quad\ 2y - \ \ z = 1 \\ \qquad\quad 3z = -1 \end{cases}$

정의 2.1.2

삼각꼴 연립일차방정식이나 삼각꼴 연립일차방정식에서 몇 개의 식을 없애고 얻은 연립일차방정식을 **사다리꼴**(echelon form)이라 한다.

예제 2.1.4 연립일차방정식

$$\begin{cases} x_1 + 2x_2 + 2x_3 + \ \ x_4 = 5 \\ \qquad\qquad\quad x_3 + 2x_4 = -1 \\ \qquad\qquad\qquad\quad 4x_4 = 4 \end{cases}$$

는 사다리꼴 연립일차방정식이다. □

사다리꼴 연립일차방정식에서 앞 식의 선행변수의 순서는 다음 식의 선행변수의 순서보다 항상 앞선다. 이러한 연립방정식에서 각 식의 선행변수를 모두 제외한 나머지 미지수를 **자유변수**(free variables)라 한다.

위의 예제 2.1.4에서 각 식에서의 선행변수는 x_1, x_3, x_4이고 선행변수를 제외한 나머지 변수 x_2는 자유변수이다.

자유변수를 가지는 경우 자유변수를 임의의 값을 나타내는 α, β, $\cdots$ 등의 문자(매개변수)로 표시하여 나머지 미지수인 선행변수들을 구할 수 있다. 이때 사다리꼴 연립일차방정식에서 자유변수가 한 개 이상 있으면 무수히 많은 해를 가짐을 알 수 있다.

예제 2.1.5 다음 사다리꼴 연립일차방정식을 풀어라.

$$\begin{cases} x_1 + x_2 + \ \ x_3 = 2 \\ \qquad\quad x_4 + 2x_5 = 3 \\ \qquad\qquad\quad 3x_5 = 6 \end{cases}$$

풀이 자연변수 x_2, x_3를 각각 α, β로 두고 우변으로 옮겨 상수 취급하면 선행변수 x_1, x_4, x_5에 대한 삼각꼴 연립일차방정식

$$\begin{cases} x_1 \qquad\qquad = 2-\alpha-\beta \\ \quad x_4 + 2x_5 = 3 \\ \qquad\quad x_5 = 2 \end{cases}$$

가 되고 후진대입법을 이용하면 $x_5 = 2,\ x_4 = -1,\ x_1 = 2-\alpha-\beta$이다. 따라서 연립일차방정식의 해는

$$\begin{pmatrix} x_1 \\ x_2 \\ x_3 \\ x_4 \\ x_5 \end{pmatrix} = \begin{pmatrix} 2-\alpha-\beta \\ \alpha \\ \beta \\ -1 \\ 2 \end{pmatrix} = \begin{pmatrix} 2 \\ 0 \\ 0 \\ -1 \\ 2 \end{pmatrix} + \alpha \begin{pmatrix} -1 \\ 1 \\ 0 \\ 0 \\ 0 \end{pmatrix} + \beta \begin{pmatrix} -1 \\ 0 \\ 1 \\ 0 \\ 0 \end{pmatrix}$$

이다. □

문제 2.1.2

다음 사다리꼴 연립일차방정식을 풀어라.

$$\begin{cases} x_1 + x_2 + x_3 + x_4 + \ \ x_5 = 3 \\ \qquad\qquad x_3 + x_4 + 2x_5 = 2 \\ \qquad\qquad\qquad x_4 + 3x_5 = 1 \end{cases}$$

정의 2.1.3

같은 변수를 갖는 두 개의 연립일차방정식이 같은 해집합을 가질 때 두 연립일차방정식은 **동치**(equivalent)라고 한다.

연립방정식의 해는 다음과 같은 기본적인 변환을 이용하여 동치인 사다리꼴 연립일차방정식 형태에서 구할 수 있다.

기본변환(elementary operation)

1. 두 식의 순서를 바꾼다.
2. 한 식에 0이 아닌 상수를 곱한다.
3. 한 식에 다른 식을 상수배 하여 더한다.

세 가지 형태의 기본변환을 이용하면 모든 연립방정식은 동치인 연립방정식으로 바뀌게 된다.

예제 2.1.6 다음 연립일차방정식을 풀어라.

$$\begin{cases} x_1 + 2x_2 + \ \ x_3 = 3 \\ 2x_1 + 3x_2 + \ \ x_3 = 4 \\ 3x_1 - \ \ x_2 - 3x_3 = -1 \end{cases}$$

풀이 첫 번째 식을 -2배 하여 두 번째 식에 더하면 $-x_2 - x_3 = -2$이고, 첫 번째 식을 -3배 하여 세 번째 식에 더하면 $-7x_2 - 6x_3 = -10$이다. 동치인 연립방정식은

$$\begin{cases} x_1 + 2x_2 + \ \ x_3 = 3 \\ \quad\ - \ \ x_2 - \ \ x_3 = -2 \\ \quad\ -7x_2 - 6x_3 = -10 \end{cases}$$

이다. 이 연립방정식에서 두 번째 식을 -7배 하여 세 번째 식에 더하면 동치인 연립방정식은

$$\begin{cases} x_1 + 2x_2 + x_3 = 3 \\ \quad\ - \ \ x_2 - x_3 = -2 \\ \qquad\qquad\quad x_3 = 4 \end{cases}$$

이다. 후진대입법을 이용하면 $x_3 = 4,\ x_2 = -2,\ x_1 = 3$을 얻는다. □

예제 2.1.6에서 풀이한 과정을 행렬로 나타내면 편리하다.

연립일차방정식

$$(*) \qquad \begin{cases} a_{11}x_1 + a_{12}x_2 + \ \cdots \ + a_{1n}x_n = b_1 \\ a_{21}x_1 + a_{22}x_2 + \ \cdots \ + a_{2n}x_n = b_2 \\ \ \vdots \quad \vdots \quad \vdots \\ a_{m1}x_1 + a_{m2}x_2 + \ \cdots \ + a_{mn}x_n = b_m \end{cases}$$

에 대하여 계수들로 이루어진 행렬

$$\begin{pmatrix} a_{11} & a_{12} & \cdots & a_{1n} \\ a_{21} & a_{22} & \cdots & a_{2n} \\ \vdots & & & \\ a_{m1} & a_{m2} & \cdots & a_{mn} \end{pmatrix}$$

을 연립방정식 (*)의 **계수행렬**(coefficient matrix)이라 하고, 계수행렬에 (*)의 상수항으로 이루어진 열을 첨가하여 얻은 행렬

$$\left(\begin{array}{cccc|c} a_{11} & a_{12} & \cdots & a_{1n} & b_1 \\ a_{21} & a_{22} & \cdots & a_{2n} & b_2 \\ \vdots & & & & \vdots \\ a_{m1} & a_{m2} & \cdots & a_{mn} & b_m \end{array}\right)$$

을 연립방정식 (*)의 **확대계수행렬** 또는 **첨가계수행렬**(augmented coefficient matrix)이라 한다.

연립일차방정식을 확대계수행렬로 나타낼 수 있어서 좀 더 간단하고 편리하게 해를 구할 수 있다. 이때 동치인 연립일차방정식을 얻기 위해 이용했던 세 가지 기본변환에 대응하여 확대계수행렬에 다음의 세 가지 조작을 시행한다.

기본행조작(elementary row operation)

Ⅰ. 두 행을 서로 바꾼다.

Ⅱ. 한 행에 0이 아닌 상수를 곱한다.

Ⅲ. 한 행을 실수배 하여 다른 행에 더한다.

정의 2.1.4

다음 조건을 만족하는 행렬을 **행사다리꼴**(row echelon form)이라 한다.

(1) 각 행에서 0이 아닌 처음 수는 1이다.

(2) k행이 모두 0으로 되어 있지 않다면 $k+1$행에서 앞에 나오는 0의 개수는 k행에서 앞에 나오는 0의 개수보다 많다.

(3) 한 행의 성분이 모두 0이면, 그 행은 0이 아닌 성분이 들어 있는 행 아래에 있다.

예제 2.1.7 다음 행렬들을 행사다리꼴이다.

$$\begin{pmatrix}1 & 3 & 4\\0 & 1 & 2\\0 & 0 & 1\end{pmatrix},\ \begin{pmatrix}1 & 5 & 3\\0 & 0 & 1\\0 & 0 & 0\end{pmatrix},\ \begin{pmatrix}1 & 2 & 0 & 3\\0 & 0 & 1 & 2\\0 & 0 & 0 & 1\end{pmatrix}$$ □

예제 2.1.8 다음 행렬들은 행사다리꼴이 아니다.

$$\begin{pmatrix}2 & 1 & 3\\0 & 3 & 4\\0 & 0 & 5\end{pmatrix},\ \begin{pmatrix}0 & 0 & 0\\0 & 1 & 0\end{pmatrix},\ \begin{pmatrix}0 & 1\\1 & 0\end{pmatrix}$$

처음 행렬은 조건 (1)을 만족하지 않고, 두 번째 행렬은 조건 (3)을, 세 번째 행렬은 조건 (2)를 만족하지 않는다. □

정의 2.1.5

연립일차방정식에서 확대계수행렬을 구하여 기본행조작 Ⅰ, Ⅱ, Ⅲ을 이용하여 행사다리꼴로 변형시키는 과정을 **가우스 소거법**(Gauss elimination)이라 한다.

기본행조작을 이용하여 확대계수행렬의 행사다리꼴을 구하는 과정에서 다음과 같은 형태의 행을 포함하면 그 연립일차방정식은 불능이다.

$$(0\ \ 0\ \cdots\ 0 \mid a)\ (a\text{는 }0\text{이 아닌 상수})$$

정의 2.1.6

다음 조건을 만족하는 행렬을 **기약행사다리꼴**(reduced row echelon form)이라 한다.

(1) 행사다리꼴 행렬이다.

(2) 각 행에서 처음으로 0이 아닌 수는 그 열에서는 유일하게 0이 아닌 수이다.

예제 2.1.9 다음 행렬들은 기약행사다리꼴이다.

$$\begin{pmatrix}1 & 0\\0 & 1\end{pmatrix},\quad \begin{pmatrix}1 & 0 & 2 & 1\\0 & 1 & 0 & 1\\0 & 0 & 0 & 0\end{pmatrix},\quad \begin{pmatrix}0 & 1 & 2 & 0\\0 & 0 & 0 & 1\\0 & 0 & 0 & 0\end{pmatrix},\quad \begin{pmatrix}1 & 3 & 0 & 2\\0 & 0 & 1 & 1\\0 & 0 & 0 & 0\end{pmatrix}$$ □

주어진 행렬을 기약행사다리꼴로 고치는 기본행조작 과정을 **가우스-조르당 소거법**(Gauss-Jordan reduction)이라 부른다.

예제 2.1.10 다음 연립일차방정식을 풀어라.

$$\begin{cases} x_1 + 2x_2 + \ \ x_3 = 1 \\ 2x_1 - \ \ x_2 + \ \ x_3 = 2 \\ 4x_1 + 3x_2 + 4x_3 = 4 \end{cases}$$

풀이 확대계수행렬을 구하여 가우스 소거법을 적용하면

$$\left(\begin{array}{ccc|c}1 & 2 & 1 & 1\\2 & -1 & 1 & 2\\4 & 3 & 4 & 4\end{array}\right) \longrightarrow \left(\begin{array}{ccc|c}1 & 2 & 1 & 1\\0 & -5 & -1 & 0\\0 & -5 & 0 & 0\end{array}\right)$$

$$\longrightarrow \left(\begin{array}{ccc|c}1 & 2 & 1 & 1\\0 & -5 & -1 & 0\\0 & 0 & 1 & 0\end{array}\right) \longrightarrow \left(\begin{array}{ccc|c}1 & 2 & 1 & 1\\0 & 1 & 0 & 0\\0 & 0 & 1 & 0\end{array}\right)$$

즉,

$$\begin{cases} x_1 + 2x_2 + x_3 = 1 \\ \qquad\ \ x_2 \qquad\ \ = 0 \\ \qquad\qquad\quad x_3 = 0 \end{cases}$$

후진대입법으로 해를 구하면 $x_3 = 0,\ x_2 = 0,\ x_1 = 1$이다. □

예제 2.1.11 가우스-조르당 소거법을 이용하여 다음 연립일차방정식을 풀어라.

$$\begin{cases} -x_1 + x_2 - \ \ x_3 + 3x_4 = 0 \\ \ \ 3x_1 + x_2 - \ \ x_3 - \ \ x_4 = 0 \\ \ \ 2x_1 - x_2 - 2x_3 - \ \ x_4 = 0 \end{cases}$$

풀이 $\left(\begin{array}{cccc|c} -1 & 1 & -1 & 3 & 0 \\ 3 & 1 & -1 & -1 & 0 \\ 2 & -1 & -2 & -1 & 0 \end{array}\right) \rightarrow \left(\begin{array}{cccc|c} -1 & 1 & -1 & 3 & 0 \\ 0 & 4 & -4 & 8 & 0 \\ 0 & 1 & -4 & 5 & 0 \end{array}\right)$

$$\rightarrow \left(\begin{array}{cccc|c} -1 & 1 & -1 & 3 & 0 \\ 0 & 4 & -4 & 8 & 0 \\ 0 & 0 & -3 & 3 & 0 \end{array}\right) \rightarrow \left(\begin{array}{cccc|c} 1 & -1 & 1 & -3 & 0 \\ 0 & 1 & -1 & 2 & 0 \\ 0 & 0 & 1 & -1 & 0 \end{array}\right)$$

$$\rightarrow \left(\begin{array}{cccc|c} 1 & -1 & 0 & -2 & 0 \\ 0 & 1 & 0 & 1 & 0 \\ 0 & 0 & 1 & -1 & 0 \end{array}\right) \rightarrow \left(\begin{array}{cccc|c} 1 & 0 & 0 & -1 & 0 \\ 0 & 1 & 0 & 1 & 0 \\ 0 & 0 & 1 & -1 & 0 \end{array}\right)$$

$x_4 = \alpha$라 하면 $x_1 = \alpha$, $x_2 = -\alpha$, $x_3 = \alpha$이다. 따라서 연립일차방정식의 해는 임의의 실수 α에 대하여 $\alpha(1, -1, 1, 1)$이다. □

위의 예제 2.1.11과 같이 우변의 상수가 모두 0인 연립일차방정식을 **동차연립일차방정식**(homogeneous system)이라 한다. 동차연립일차방정식은 항상 해를 가지며, 유일한 해를 가지면 자명해 $(0, 0, \cdots, 0)$인 해를 가지거나 그렇지 않은 경우는 부정이다.

문제 2.1.3

가우스-조르당 소거법을 이용하여 다음 연립일차방정식을 풀어라.

(1) $\begin{cases} x - y + z = 0 \\ -x + 3y + z = 5 \\ 3x + y + 7z = 2 \end{cases}$ (2) $\begin{cases} x - 3y - 2z = 0 \\ -x + 2y + z = 0 \\ 2x + 4y + 6z = 0 \end{cases}$

연·습·문·제 2.1

EXERCISES

1. 다음 각 행렬을 확대계수행렬로 갖는 연립일차방정식 해를 구하여라.

(1) $\left(\begin{array}{ccc|c} 1 & 0 & 0 & -2 \\ 0 & 1 & 0 & 5 \\ 0 & 0 & 1 & 3 \end{array}\right)$ (2) $\left(\begin{array}{cccc|c} 1 & 2 & 0 & 1 & 5 \\ 0 & 0 & 1 & 3 & 4 \end{array}\right)$

(3) $\left(\begin{array}{cccc|c} 1 & 2 & -4 & -4 & -2 \\ 0 & -1 & 5 & 4 & 5 \\ 0 & 0 & 0 & 1 & 3 \end{array}\right)$ (4) $\left(\begin{array}{cccc|c} 1 & -1 & -1 & 2 & -1 \\ 0 & 0 & 1 & 3 & 5 \\ 0 & 0 & 0 & 1 & 2 \end{array}\right)$

2. 가우스-조르당 소거법을 이용하여 다음 연립방정식을 풀어라.

(1) $\begin{cases} x+2y-3z=-1 \\ 3x-y+2z=7 \\ 5x+3y-4z=2 \end{cases}$ (2) $\begin{cases} x+2y-3z=6 \\ 2x-y+4z=2 \\ 4x+3y-2z=14 \end{cases}$

3. 다음 동차연립방정식을 풀어라.

$$\begin{cases} x_1+x_2+x_3+x_4=0 \\ x_1+3x_2+2x_3+4x_4=0 \\ 2x_1+x_3-x_4=0 \end{cases}$$

2.2 행렬의 기본연산과 특수행렬

행렬의 대수체계와 주요 성질, 그리고 특수행렬에 대하여 살펴보자.

행렬의 덧셈과 스칼라배

행렬의 기본연산 두 가지는 덧셈과 스칼라배이다.

정의 2.2.1

$m\times n$ 행렬 A, B와 스칼라 α에 대하여

(1) $A=(a_{ij})$, $B=(b_{ij})$일 때

$$A+B=(a_{ij}+b_{ij}).$$

(2) $\alpha A=(\alpha a_{ij})$

모든 성분이 0인 행렬을 **영행렬**(zero matrix)이라 하고 O로 표시한다. 즉,

$$O=\begin{pmatrix} 0 & 0 & \cdots & 0 \\ 0 & 0 & \cdots & 0 \\ \vdots & & & \\ 0 & 0 & \cdots & 0 \end{pmatrix}$$

임의의 $m\times n$ 행렬 A에 대하여

$$A+O=O+A=A$$

가 성립하고, 이때 영행렬 O은 **행렬의 덧셈에 대한 항등원**이다. 또한 $-A=(-1)A$로 정의하면

$$A+(-A)=O=(-A)+A$$

이고, 여기서 $-A$는 A의 **덧셈에 대한 역원**이다.

정리 2.2.1

임의의 스칼라 α, β와 $m\times n$ 행렬 A, B, C에 대하여 다음이 성립한다.

(1) $A+B=B+A$

(2) $(A+B)+C=A+(B+C)$

(3) $A+O=O+A=A$

(4) $A+(-A)=O=(-A)+A$

(5) $1A=A$

(6) $(\alpha\beta)A=\alpha(\beta A)$

(7) $(\alpha+\beta)A=\alpha A+\beta A$

(8) $\alpha(A+B)=\alpha A+\alpha B$

예제 2.2.1 행렬 A, B가 다음과 같이 주어졌을 때 아래 각 행렬을 구하여라.

$$A=\begin{pmatrix} 1 & 3 & -2 \\ -1 & 4 & 7 \end{pmatrix},\quad B=\begin{pmatrix} -1 & 5 & -4 \\ 3 & 2 & -3 \end{pmatrix}$$

(1) $-2A$

(2) $\frac{1}{2}(A+B)$

(3) $\frac{1}{2}(A-B)$

풀이 (1) $-2A=\begin{pmatrix} -2 & -6 & 4 \\ 2 & -8 & -14 \end{pmatrix}$

(2) $\frac{1}{2}(A+B)=\frac{1}{2}\begin{pmatrix} 0 & 8 & -6 \\ 2 & 6 & 4 \end{pmatrix}=\begin{pmatrix} 0 & 4 & -3 \\ 1 & 3 & 2 \end{pmatrix}$

(3) $\frac{1}{2}(A-B)=\frac{1}{2}\begin{pmatrix} 2 & -2 & 2 \\ -4 & 2 & 10 \end{pmatrix}=\begin{pmatrix} 1 & -1 & 1 \\ -2 & 1 & 5 \end{pmatrix}$ □

행렬의 곱셈

행렬 A의 열의 개수와 행렬 B의 행의 개수가 같으면 A와 B의 곱이 가능하다. 즉, $A=(a_{ij})$가 $m\times n$ 행렬이고 $B=(b_{ij})$가 $n\times r$ 행렬일 때, 두 행렬의 곱 $AB=C=(c_{ij})$는 $m\times r$ 행렬로 그 성분은

$$c_{ij}=\sum_{k=1}^{n} a_{ik}b_{kj}$$

이다.

예제 2.2.2 $A=\begin{pmatrix}1 & 3\\ 2 & -5\end{pmatrix}$, $B=\begin{pmatrix}3 & 1\\ 0 & 2\end{pmatrix}$일 때 AB와 BA를 각각 계산하여라.

풀이 $AB=\begin{pmatrix}1 & 3\\ 2 & -5\end{pmatrix}\begin{pmatrix}3 & 1\\ 0 & 2\end{pmatrix}=\begin{pmatrix}3 & 7\\ 6 & -8\end{pmatrix}$

$BA=\begin{pmatrix}3 & 1\\ 0 & 2\end{pmatrix}\begin{pmatrix}1 & 3\\ 2 & -5\end{pmatrix}=\begin{pmatrix}5 & 4\\ 4 & -10\end{pmatrix}$ □

위의 예제에서와 같이 AB와 BA가 같지 않음을 알 수 있다. 일반적으로 행렬의 곱셈은 교환법칙이 성립하지 않는다. 다음의 정리에서 곱셈에 대한 행렬의 연산 법칙을 알아보자.

정리 2.2.2

지정된 연산이 가능한 임의의 행렬 A, B, C와 임의의 스칼라 α에 대하여 다음이 성립한다.

(1) $(AB)C=A(BC)$

(2) $A(B+C)=AB+AC$

(3) $(A+B)C=AC+BC$

(4) $\alpha(AB)=(\alpha A)B=A(\alpha B)$

예제 2.2.3 다음 주어진 행렬들에 대해서 각 행렬을 계산하여라.

$$A=\begin{pmatrix}1 & 3 & 2\\ 0 & -1 & 1\end{pmatrix},\quad B=\begin{pmatrix}4 & -1\\ 1 & 2\\ 3 & 0\end{pmatrix},\quad C=\begin{pmatrix}1 & -1\\ 0 & 1\end{pmatrix}$$

(1) AB (2) BA

(3) $(AB)C$ (4) $A(BC)$

풀이 (1) $AB=\begin{pmatrix}13 & 5\\ 2 & -2\end{pmatrix}$ (2) $BA=\begin{pmatrix}4 & 13 & 7\\ 1 & 1 & 4\\ 3 & 9 & 6\end{pmatrix}$

(3) $(AB)C=\begin{pmatrix}13 & -8\\ 2 & -4\end{pmatrix}$ (4) $A(BC)=\begin{pmatrix}13 & -8\\ 2 & -4\end{pmatrix}$ □

문제 2.2.1

다음의 행렬들을 구하여라.

$$A=\begin{pmatrix} 1 & 4 & 0 \\ -2 & 6 & 5 \end{pmatrix},\ B=\begin{pmatrix} -3 & 1 & -1 \\ 3 & 0 & 2 \end{pmatrix},\ C=\begin{pmatrix} 1 & 2 \\ 0 & -1 \\ 1 & 1 \end{pmatrix},\ D=\begin{pmatrix} 4 & 3 \\ 2 & 1 \end{pmatrix}$$

(1) $2A+B$　　(2) $4B-A$

(3) BC　　(4) CD

이제 특수한 형태의 행렬에 대해 소개한다.

대각행렬과 삼각행렬

행과 열의 개수가 같은 행렬을 **정방행렬**(square matrix)이라 한다. $i>j$일 때 $a_{ij}=0$인 정방행렬을 **상삼각행렬**(upper triangular matrix)이라 하고, $i<j$일 때 $a_{ij}=0$인 행렬을 **하삼각행렬**(lower triangular matrix)이라 한다. 상삼각 또는 하삼각을 합하여 **삼각행렬**(triangular matrix)이라 한다. 또한 $i\neq j$일 때 $a_{ij}=0$인 정방행렬을 **대각행렬**(diagonal matrix)이라 한다.

단위행렬

$n\times n$ 행렬 $I=(a_{ij})$에서

$$a_{ij}=\begin{cases} 1, & i=j \\ 0, & i\neq j \end{cases}$$

인 행렬을 **단위행렬**(unit matrix)이라고 한다. 단위행렬 I는 실수의 곱에서의 항등원 1과 같은 역할을 하는 특수한 행렬이다. 즉 $IA=AI=A$를 만족하는 행렬이다.

역행렬

정방행렬 A에서 $AX = XA = I$를 만족하는 행렬 X가 존재할 때, A를 **정칙행렬**(regular matrix) 또는 **가역행렬**(invertible matrix)이라 하고, 이때 X를 A의 **역행렬**(inverse matrix)이라 하고 A^{-1}로 표기한다. 만약 A의 역행렬이 존재하지 않으면 A를 **특이행렬**(singular matrix)이라 한다.

정리 2.2.3

$n \times n$ 정칙행렬 A, B에 대하여

(1) $AA^{-1} = A^{-1}A = I$.

(2) A, B가 정칙이면 AB도 정칙행렬이고 $(AB)^{-1} = B^{-1}A^{-1}$.

예제 2.2.4 다음 두 행렬 A, B

$$A = \begin{pmatrix} 5 & 2 \\ 7 & 3 \end{pmatrix}, \quad B = \begin{pmatrix} 3 & -2 \\ -7 & 5 \end{pmatrix}$$

는 서로 역행렬이다. 왜냐하면 $AB = BA = I$이기 때문이다. □

전치행렬

$m \times n$ 행렬 A가 주어졌을 때 A의 행과 열을 바꾼 $n \times m$ 행렬은 A의 **전치행렬**(transposed matrix)이라 하고 A^T로 표기한다.

예제 2.2.5 (1) $A = \begin{pmatrix} 1 & 3 \\ 4 & 7 \end{pmatrix}$이면 $A^T = \begin{pmatrix} 1 & 4 \\ 3 & 7 \end{pmatrix}$이다.

(2) $B = \begin{pmatrix} 1 & 2 & 5 \\ 4 & 3 & 7 \\ 0 & 1 & 8 \end{pmatrix}$이면 $B^T = \begin{pmatrix} 1 & 4 & 0 \\ 2 & 3 & 1 \\ 5 & 7 & 8 \end{pmatrix}$이다. □

전치행렬에 대한 성질들은 다음과 같다.

정리 2.2.4

(1) $(A^T)^T = A$

(2) $(\alpha A)^T = \alpha A^T$, α는 실수

(3) $(A+B)^T = A^T + B^T$

(4) $(AB)^T = B^T A^T$

(5) $(A^T)^{-1} = (A^{-1})^T$

대칭행렬

정방행렬 A에서 $A^T = A$를 만족할 때 A를 **대칭행렬**(symmetric matrix)이라 한다.

$$A = \begin{pmatrix} 2 & 3 & 4 \\ 3 & 1 & 5 \\ 4 & 5 & 7 \end{pmatrix} \text{일 때 } A^T = \begin{pmatrix} 2 & 3 & 4 \\ 3 & 1 & 5 \\ 4 & 5 & 7 \end{pmatrix} \text{이 되어 } A^T = A \text{이므로}$$

A는 대칭행렬이다.

문제 2.2.2

행렬 $A = \begin{pmatrix} 1 & 2 \\ 3 & 4 \end{pmatrix}$, $B = \begin{pmatrix} 4 & -1 & 0 \\ 2 & 3 & 1 \end{pmatrix}$일 때 다음 행렬들을 구하여라.

(1) $A + A^T$

(2) $(AB)^T$

(3) BB^T

연 · 습 · 문 · 제 2.2

EXERCISES

1. $A=\begin{pmatrix}1 & -1\\ 0 & 2\end{pmatrix}$, $B=\begin{pmatrix}-2 & 0\\ 1 & -1\end{pmatrix}$, $C=\begin{pmatrix}0 & -1\\ 2 & 1\end{pmatrix}$일 때 다음을 계산하여라.

   (1) $3A-B+2C$ (2) $A(B+C)$

   (3) $AB+AC$

2. $A=\begin{pmatrix}1 & 2 & 0\\ 3 & -1 & 4\end{pmatrix}$일 때 AA^T와 A^TA를 구하여라.

3. 행렬 A에 대하여 A^2과 A^3을 구하여라.

$$A=\begin{pmatrix}0 & 1 & 0\\ 0 & 0 & 1\\ 0 & 0 & 0\end{pmatrix}$$

4. 다음 행렬 A, B에 대하여 A^2, A^3, A^T와 A^TB를 구하여라.

$$A=\begin{pmatrix}1 & -2\\ 2 & 3\end{pmatrix},\quad B=\begin{pmatrix}1 & 0 & 2\\ -1 & 3 & 5\end{pmatrix}$$

2.3 행렬식

행렬식(determinant)은 임의의 정방행렬에 하나의 실수값을 대응시킨 것이다. 이를 이용하여 연립방정식을 풀거나 정칙행렬의 판별과 역행렬을 구하는 과정에도 사용된다. $n\times n$ 행렬 A의 행렬식은 $|A|$ 또는 $\det(A)$로 표기한다.

$n\times n$ 행렬에 대한 행렬식을 행렬의 크기에 따라 네 가지 경우로 나누어 알아보기로 하자.

경우 Ⅰ. 1×1 행렬

$a\neq 0$인 실수에 대하여 $A=(a)$이면 $\det(A)=a$.

경우 Ⅱ. 2×2 행렬

$A=\begin{pmatrix} a_{11} & a_{12} \\ a_{21} & a_{22} \end{pmatrix}$일 때 $\det(A)=a_{11}a_{22}-a_{12}a_{21}$.

경우 Ⅲ. 3×3 행렬

$A=\begin{pmatrix} a_{11} & a_{12} & a_{13} \\ a_{21} & a_{22} & a_{23} \\ a_{31} & a_{32} & a_{33} \end{pmatrix}$일 때

$$\det(A)=a_{11}a_{22}a_{33}+a_{12}a_{23}a_{31}+a_{13}a_{21}a_{32}-a_{13}a_{22}a_{31}-a_{11}a_{23}a_{32}-a_{12}a_{21}a_{33}.$$

이러한 계산법을 **사루스 법칙**(Sarrus' law)이라고 하며, 3차 이하의 경우에만 적용되는 방법이다.

경우 Ⅳ. $n\times n$ 행렬 $(n\geq 2)$

정의 2.3.1

$A=(a_{ij})$가 $n\times n$ 행렬이고 M_{ij}는 A에서 a_{ij}를 포함하는 행과 열을 소거하여 얻은 $(n-1)\times(n-1)$ 행렬이라 하자. 이때 M_{ij}의 행렬식을 a_{ij}의 **소행렬식**(minor)이라 하고, a_{ij}의 **여인수**(cofactor) A_{ij}는 다음과 같이 정의한다.

$$A_{ij}=(-1)^{i+j}\det(M_{ij}),\quad A\text{의 } (i,\ j)-\text{여인수}$$

임의의 n차 정방행렬 $A=(a_{ij})$에 대하여

$$\begin{aligned}\det(A) &= a_{i1}A_{i1}+a_{i2}A_{i2}+\cdots+a_{in}A_{in}, \quad 1\le i\le n\\ &= a_{1j}A_{1j}+a_{2j}A_{2j}+\cdots+a_{nj}A_{nj}, \quad 1\le j\le n\end{aligned}$$

이다.

예제 2.3.1 행렬

$$A=\begin{pmatrix}2&5&4\\3&1&2\\5&4&6\end{pmatrix}$$

에서 A의 행렬식을 구하여라.

풀이 (방법 1) 사루스 법칙에 의해

$$\begin{aligned}\det(A) &= (2\times1\times6)+(5\times2\times5)+(4\times3\times4)-(4\times1\times5)\\ &\quad -(2\times2\times4)-(5\times3\times6)\\ &=-16\end{aligned}$$

(방법 2) 여인수 전개에 의해

$$\begin{aligned}\det(A) &= a_{11}A_{11}+a_{12}A_{12}+a_{13}A_{13}\\ &=(-1)^2a_{11}\det(M_{11})+(-1)^3a_{12}\det(M_{12})\\ &\quad+(-1)^4a_{13}\det(M_{13})\\ &=2\begin{vmatrix}1&2\\4&6\end{vmatrix}-5\begin{vmatrix}3&2\\5&6\end{vmatrix}+4\begin{vmatrix}3&1\\5&4\end{vmatrix}=-16\end{aligned}$$ □

예제 2.3.1의 두 번째 방법에서는 첫 번째 행에 대한 여인수 전개를 이용하여 행렬식을 구했다. 하지만 임의의 행과 열을 사용하여 여인수 전개하여도 행렬식 값은 같다.

다음은 몇 가지 행렬식의 성질을 소개한다.

정리 2.3.1

A, B가 n차 정방행렬일 때

(1) A가 정칙이 아니면 $\det(A)=0$이다.

(2) A가 정칙일 필요충분조건은 $\det(A)\neq 0$이다.

(3) $\det(AB)=\det(A)\det(B)$

(4) A의 전치행렬 A^T에 대하여 $\det(A^T)=\det(A)$.

(5) A가 삼각행렬이면 $\det(A)$는 A의 모든 대각성분의 곱과 같다.

문제 2.3.1

1. 다음 행렬의 행렬식을 구하여라.

(1) $\begin{vmatrix} 2 & 5 \\ 4 & 3 \end{vmatrix}$ (2) $\begin{vmatrix} 3 & 7 \\ 4 & 8 \end{vmatrix}$

(3) $\begin{vmatrix} 2 & 1 & 3 \\ 0 & 4 & 7 \\ 0 & 0 & 1 \end{vmatrix}$ (4) $\begin{vmatrix} 1 & 1 & 0 \\ 1 & 0 & 1 \\ 0 & 1 & 1 \end{vmatrix}$

2. 다음 행렬 중에서 정칙행렬을 모두 골라라.

(1) $\begin{pmatrix} 6 & -4 \\ -3 & 2 \end{pmatrix}$ (2) $\begin{pmatrix} 1 & 3 \\ 2 & 5 \end{pmatrix}$

(3) $\begin{pmatrix} 1 & -1 & 2 \\ 3 & 1 & 2 \\ 2 & 3 & -1 \end{pmatrix}$ (4) $\begin{pmatrix} 2 & 3 & 0 \\ 1 & -2 & -1 \\ 2 & 0 & -1 \end{pmatrix}$

연·습·문·제 2.3

EXERCISES

1. 다음 행렬의 행렬식을 구하여라.

(1) $\begin{pmatrix} 1 & 2 \\ 3 & 5 \end{pmatrix}$ (2) $\begin{pmatrix} 5 & 2 \\ 3 & -1 \end{pmatrix}$

(3) $\begin{pmatrix} 4 & 7 \\ 3 & 6 \end{pmatrix}$

2. 다음 행렬식의 값을 구하고, 그 행렬이 정칙인지 아닌지 판별하여라.

(1) $\begin{pmatrix} 3 & 1 \\ 6 & 2 \end{pmatrix}$ (2) $\begin{pmatrix} 2 & 5 \\ 4 & 3 \end{pmatrix}$

(3) $\begin{pmatrix} 2 & 1 & 3 \\ 4 & 2 & 1 \\ 6 & -3 & 4 \end{pmatrix}$ (4) $\begin{pmatrix} 2 & 1 & 1 \\ 4 & 3 & 5 \\ 2 & 1 & 2 \end{pmatrix}$

3. 다음 행렬이 정칙행렬이 아닐 때 x의 값을 모두 구하여라.

(1) $\begin{pmatrix} 2-x & 2 \\ 3 & x-1 \end{pmatrix}$ (2) $\begin{pmatrix} 1 & 1 & 1 \\ 1 & 9 & x \\ 1 & x & 3 \end{pmatrix}$

(3) $\begin{pmatrix} 1 & 2 & -1 \\ 1 & x & 1 \\ 2 & x & -1 \end{pmatrix}$

2.4 역행렬

이 절에서는 역행렬을 구하는 두 가지 방법을 소개한다.

우선, 가우스 소거법을 이용하는 방법이다. 이론적인 설명은 선형대수학에서 자세히 다루게 될 것이므로 여기서는 역행렬을 구하는 방법에 대해서 알아보자.

확대계수행렬 $(A|I)$에서 정칙행렬 A를 I로 변형시키는 기본행조작을 똑같이 I에 시행하면 I는 A^{-1}로 변형된다.

$$(A|I) \xrightarrow[\text{기본행조작}]{} (I|A^{-1})$$

예제 2.4.1 다음 주어진 행렬의 역행렬을 구하여라.

$$A=\begin{pmatrix} 1 & -1 & 2 \\ 2 & -1 & 7 \\ 1 & -1 & 3 \end{pmatrix}$$

풀이 가우스-조르당 소거법에 의해

$$(A|I)=\left(\begin{array}{ccc|ccc} 1 & -1 & 2 & 1 & 0 & 0 \\ 2 & -1 & 7 & 0 & 1 & 0 \\ 1 & -1 & 3 & 0 & 0 & 1 \end{array}\right) \to \left(\begin{array}{ccc|ccc} 1 & -1 & 2 & 1 & 0 & 0 \\ 0 & 1 & 3 & -2 & 1 & 0 \\ 0 & 0 & 1 & -1 & 0 & 1 \end{array}\right)$$

$$\to \left(\begin{array}{ccc|ccc} 1 & 0 & 5 & -1 & 1 & 0 \\ 0 & 1 & 3 & -2 & 1 & 0 \\ 0 & 0 & 1 & -1 & 0 & 1 \end{array}\right) \to \left(\begin{array}{ccc|ccc} 1 & 0 & 0 & 4 & 1 & -5 \\ 0 & 1 & 0 & 1 & 1 & -3 \\ 0 & 0 & 1 & -1 & 0 & 1 \end{array}\right)$$

$$=(I|A^{-1})$$

과 같이 변형시킬 수 있다. 따라서

$$A^{-1}=\begin{pmatrix} 4 & 1 & -5 \\ 1 & 1 & -3 \\ -1 & 0 & 1 \end{pmatrix}$$

이다. □

문제 2.4.1

가우스-조르당 소거법을 이용하여 다음 행렬의 역행렬을 구하여라.

$$A=\begin{pmatrix}1&1&0\\1&0&1\\0&1&1\end{pmatrix}$$

예제 2.4.2 행렬 $A=\begin{pmatrix}2&1&-4\\-4&-1&6\\-2&2&-2\end{pmatrix}$의 역행렬을 구하여라.

풀이 확대계수행렬 $(A\,|\,I)$를 구하여 가우스-조르당 소거법을 적용하면

$$\left(\begin{array}{ccc|ccc}2&1&-4&1&0&0\\-4&-1&6&0&1&0\\-2&2&-2&0&0&1\end{array}\right)\to\left(\begin{array}{ccc|ccc}2&1&-4&1&0&0\\0&1&-2&2&1&0\\0&3&-6&1&0&1\end{array}\right)$$

$$\to\left(\begin{array}{ccc|ccc}1&2&-1&1&0&0\\0&1&-3&2&1&0\\0&0&0&-5&-3&1\end{array}\right)$$

여기서 좌측에 모든 성분이 0인 행이 있으므로 A를 I로 변형시킬 수 없음을 알 수 있다. 따라서 A는 가역행렬이 아니다. □

두 번째 소개하는 방법은 행렬식과 수반행렬을 이용하는 것이다.

A를 $n\times n$ 행렬이라 할 때 A의 **수반행렬**(adjoint matrix)을 adj A라 표기하고 다음과 같이 정의한다.

$$\text{adj}\,A=\begin{pmatrix}A_{11}&A_{21}&\cdots&A_{n1}\\A_{12}&A_{22}&\cdots&A_{n2}\\\vdots&\vdots&&\vdots\\A_{1n}&A_{2n}&\cdots&A_{nn}\end{pmatrix},\quad A_{ij}\text{는 행렬 }A\text{의 }(i,\ j)-\text{여인수}$$

A가 정치행렬이면 $\det(A)$는 0이 아닌 실수이므로 A의 역행렬은 다음과 같이 주어진다.

$$A^{-1}=\frac{1}{\det(A)}\text{adj}\,A$$

예제 2.4.3 행렬 $A=\begin{pmatrix} a & b \\ c & d \end{pmatrix}$에서 $ad-bc \neq 0$일 때 역행렬 A^{-1}을 구하여라.

풀이 $\det(A)=ad-bc \neq 0$이므로 정칙행렬이다. 수반행렬은

$$\operatorname{adj} A=\begin{pmatrix} A_{11} & A_{21} \\ A_{12} & A_{22} \end{pmatrix}=\begin{pmatrix} |d| & -|b| \\ -|c| & |a| \end{pmatrix}=\begin{pmatrix} d & -b \\ -c & a \end{pmatrix}$$

이고, $\det(A)=ad-bc$이므로

$$A^{-1}=\frac{1}{ad-bc}\begin{pmatrix} d & -b \\ -c & a \end{pmatrix}.$$ □

예제 2.4.4 행렬 $A=\begin{pmatrix} 1 & -1 & 2 \\ 2 & -1 & 7 \\ 1 & -1 & 3 \end{pmatrix}$의 수반행렬 adj A와 역행렬 A^{-1}을 구하여라.

풀이 수반행렬은

$$\operatorname{adj} A=\begin{pmatrix} \begin{vmatrix} -1 & 7 \\ -1 & 3 \end{vmatrix} & -\begin{vmatrix} -1 & 2 \\ -1 & 3 \end{vmatrix} & \begin{vmatrix} -1 & 2 \\ -1 & 7 \end{vmatrix} \\ -\begin{vmatrix} 2 & 7 \\ 1 & 3 \end{vmatrix} & \begin{vmatrix} 1 & 2 \\ 1 & 3 \end{vmatrix} & -\begin{vmatrix} 1 & 2 \\ 2 & 7 \end{vmatrix} \\ \begin{vmatrix} 2 & -1 \\ 1 & -1 \end{vmatrix} & -\begin{vmatrix} 1 & -1 \\ 1 & -1 \end{vmatrix} & \begin{vmatrix} 1 & -1 \\ 2 & -1 \end{vmatrix} \end{pmatrix}=\begin{pmatrix} 4 & 1 & -5 \\ 1 & 1 & -3 \\ -1 & 0 & 1 \end{pmatrix}$$

이고, $\det(A)=1$이므로 A의 역행렬은 다음과 같다.

$$A^{-1}=\frac{1}{\det(A)}\operatorname{adj} A=\begin{pmatrix} 4 & 1 & -5 \\ 1 & 1 & -3 \\ -1 & 0 & 1 \end{pmatrix}$$ □

문제 2.4.2

행렬 $A=\begin{pmatrix} 1 & 2 & -1 \\ 2 & 2 & 4 \\ 1 & 3 & -3 \end{pmatrix}$의 수반행렬 adj A를 구하여라.

연·습·문·제 2.4

EXERCISES

1. 가우스 소거법을 이용하여 주어진 행렬의 역행렬을 구하여라.

(1) $\begin{pmatrix} 2 & 5 \\ 1 & 3 \end{pmatrix}$ (2) $\begin{pmatrix} 2 & 6 \\ 3 & 8 \end{pmatrix}$

(3) $\begin{pmatrix} 2 & 0 & 5 \\ 0 & 3 & 0 \\ 1 & 0 & 3 \end{pmatrix}$ (4) $\begin{pmatrix} 1 & 0 & 2 \\ 2 & -1 & 3 \\ 4 & 1 & 8 \end{pmatrix}$

2. 행렬 $A = \begin{pmatrix} 1 & 2 & 3 \\ -3 & -1 & -2 \\ 0 & -2 & 4 \end{pmatrix}$에 대해서 다음을 구하여라.

(1) A의 행렬식

(2) 수반행렬 adj A

3. 행렬 $A = \begin{pmatrix} 1 & 1 & 2 \\ 0 & 1 & 1 \\ 1 & 3 & 2 \end{pmatrix}$의 역행렬을 구하여라.

4. 다음 연립일차방정식의 해를 역행렬법을 이용하여 구하여라.

$$\begin{cases} 3x + 2y - z = 12 \\ x + y - z = 6 \\ x - 2y - z = -2 \end{cases}$$

생각해 보기

역행렬을 이용한 암호문제

행렬을 배우면서 우리는 역행렬을 다루었다. 역행렬을 이용하여 연립일차방정식의 해를 구하는 방법을 배웠다. 그러면 역행렬은 그 외의 다른 용도는 없을까?

경제의 축소 지도로 알려진 산업 연관표에서는 영화 〈쉬리〉 한 편이 소나타 자동차 3,307대와 같은 부가가치를 지녔다고 발표를 했다. 그런데 이런 관계를 규명하는 데 역행렬이 유용하게 쓰였다고 한다. 그리고 요즘에는 암호화와 암호해독 등에서도 많이 활용되고 있다.

고대 이집트 문자로 쓰인 로제타스톤은 상형문자로 되어 있다. 난해하고 해독하기 어려웠지만, 현대의 암호해독의 방법에 의하여 그 코드의 체계를 알아내게 되었고 전문을 해독할 수 있게 되었다.

우선 누구나 암호문을 작성하기 위해서는 암호의 체계가 필요하고, 해독할 수 있는 단서가 주어져 있어야 한다.

만약 영어의 알파벳과 숫자를 대응시켜 암호체계를 구성하고, 해독할 수 있는 단서가 행렬로 주어졌다고 해보자. 가령 아래의 내용과 같이 암호체계를 구성해보는 것이다.

0=–	6=F	12=L	18=R	24=X
1=A	7=G	13=M	19=S	25=Y
2=B	8=H	14=N	20=T	26=Z
3=C	9=I	15=O	21=U	
4=D	10=J	16=P	22=V	
5=E	11=K	17=Q	23=W	

그런 다음 이번에는 상대방에게 보낼 메시지를 구성해본다.

'STOP-NOW'를 위에서 약속한 숫자에 대응시켜 보면,

$$\begin{matrix} [19 & 20] & [15 & 16] & [0 & 14] & [15 & 23] \\ S & T & O & P & - & N & O & W \end{matrix}$$

이처럼 숫자화된 행렬을 암호화시키기 위한 단서로 2×2 행렬 A를 구성하여 곱하기를 하면 암호화된 숫자가 나오게 된다.

이 숫자가 상대방에게 전달되었을 때 해독할 수 있는 단서인 행렬을 알고, 역행렬 A^{-1}을 구하여 곱하기를 하면 암호를 해독할 수 있는 것이다.

다음에 주어진 문제를 통하여 암호문을 구성하고, 해독하는 과정에 대하여 살펴보기로 한다.

예제 암호화할 수 있는 단서인 행렬 $A=\begin{pmatrix}-1 & 2\\ 2 & -3\end{pmatrix}$을 사용하여 'STOP-NOW'를 암호화시켜라.

풀이 위의 암호체계를 사용하여 'STOP-NOW'를 숫자화시켜보면,

[19 20]	[15 16]	[0 14]	[15 23]
S T	O P	− N	O W

$(19\ \ 20)\begin{pmatrix}-1 & 2\\ 2 & -3\end{pmatrix}=(21\ \ -22)$ $\quad (15\ \ 16)\begin{pmatrix}-1 & 2\\ 2 & -3\end{pmatrix}=(17\ \ -18)$

$(0\ \ 14)\begin{pmatrix}-1 & 2\\ 2 & -3\end{pmatrix}=(28\ \ -42)$ $\quad (15\ \ 23)\begin{pmatrix}-1 & 2\\ 2 & -3\end{pmatrix}=(31\ \ -39)$

따라서 암호화된 메시지는 21, −22, 17, −18, 28, −42, 31, −39가 된다. □

문제

암호를 해독할 수 있는 단서인 행렬 $A=\begin{pmatrix}-1 & 2\\ 2 & -3\end{pmatrix}$이 주어지고, 암호화된 숫자는
−9, 23, −6, 16, 26, −39, 13, −12, 45, −65가 주어졌을 때, 암호를 해독해 보아라.

제3장

벡터

벡터는 속도나 가속도, 힘, 변위 등과 같은 크기와 방향을 갖는 물리적인 양을 나타내기 위하여 도입되었다. 벡터는 유향성분으로 나타내어 기하학적으로 다룰 수 있게 되었고 수학적으로 좀 더 일반화하여 체계적으로 다룸으로써 더욱 유용하고 중요한 개념이 되었다.

3.1 벡터와 연산

한 점을 정하여 O라 하자. 좌표평면이나 좌표공간에서는 보통 원점을 정점 O로 한다. 임의의 점 $P(x, y)$에 대해 정점 O를 시점, P를 종점으로 갖는 벡터 $\overrightarrow{OP}$를 점 P의 **위치벡터**(position vector)라 한다. 평면벡터와 공간벡터는 원점 O에 대한 위치벡터로 나타낼 수 있다. 이때 벡터 $\mathbf{x}$는 종점 P의 좌표에 의하여 결정된다. 종점 P의 x좌표, y좌표가 각각 x_1, x_2일 때, 이들을 $\mathbf{x}$의 **성분**(component)이라 하고 $\mathbf{x}=\begin{pmatrix} x_1 \\ x_2 \end{pmatrix}$로 나타낸다. 이것을 벡터 $\mathbf{x}$의 **성분표시**라고 한다. 평면벡터의 경우 x, y축의 좌표로, 공간벡터의 경우 x, y, z좌표의 성분으로 나타낸다.

일반적으로 n개의 성분을 가지는 벡터를 n차원 **유클리드 벡터**(Euclidean vector)라 한다. 앞으로 유클리드 벡터에 대한 여러 가지 개념과 연산 및 활용을 소개하는데, 이때 성분의 개수가 3개인 3차원 유클리드 벡터들로 표현될 것이며 3차원 벡터의 성질들은 다른 차원에도 똑같이 적용될 수 있다.

벡터의 상등

두 벡터 $\mathbf{x}=\begin{pmatrix} x_1 \\ x_2 \\ x_3 \end{pmatrix}$, $\mathbf{y}=\begin{pmatrix} y_1 \\ y_2 \\ y_3 \end{pmatrix}$에 대해 $x=y$인 필요충분조건은 $x_1=y_1$, $x_2=y_2$, $x_3=y_3$이다.

벡터의 크기

벡터 $\mathbf{x}$의 크기 $\|\mathbf{x}\|$는 점 $O(0, 0, 0)$와 $P(x_1, x_2, x_3)$의 거리를 나타낸다.

$\mathbf{x}=\begin{pmatrix}x_1\\x_2\\x_3\end{pmatrix}$일 때 벡터 $\mathbf{x}$의 크기를 성분으로 나타내면

$$\|\mathbf{x}\|=\sqrt{x_1^2+x_2^2+x_3^2},\ \text{벡터 } \mathbf{x} \text{의 크기(norm)}.$$

예제 3.1.1 벡터 $\mathbf{x}=\begin{pmatrix}-1\\2\\3\end{pmatrix}$의 크기를 구하여라.

풀이 $\|\mathbf{x}\|=\sqrt{(-1)^2+2^2+3^2}=\sqrt{14}$. □

덧셈과 스칼라배

벡터의 덧셈과 스칼라배를 성분으로 나타내면 다음과 같다.

정리 3.1.1

임의의 벡터 $\mathbf{x}=\begin{pmatrix}x_1\\x_2\\x_3\end{pmatrix}$, $\mathbf{y}=\begin{pmatrix}y_1\\y_2\\y_3\end{pmatrix}$와 실수 α에 대하여

(1) $\mathbf{x}+\mathbf{y}=\begin{pmatrix}x_1+y_1\\x_2+y_2\\x_3+y_3\end{pmatrix}$ (2) $\alpha\mathbf{x}=\begin{pmatrix}\alpha x_1\\\alpha x_2\\\alpha x_3\end{pmatrix}$

벡터 $\mathbf{x}$에 0이 아닌 실수 α를 곱하면 $\alpha\mathbf{x}$는 크기가 $\mathbf{x}$ 크기의 $|\alpha|$배가 되고, $\alpha>0$일 때 $\mathbf{x}$와 같은 방향이고 $\alpha<0$일 때 $\mathbf{x}$와 반대 방향이다. 두 벡터 $\mathbf{x}$, $\mathbf{y}$에 대하여 $\mathbf{x}+(-1)\mathbf{y}$를 간단히 $\mathbf{x}-\mathbf{y}$로 나타내고 이것을 두 벡터 $\mathbf{x}$와 $\mathbf{y}$의 차(difference)라고 한다. 즉

$$\mathbf{x}-\mathbf{y}=\mathbf{x}+(-1)\mathbf{y}.$$

벡터의 덧셈과 스칼라배에 대한 연산법칙과 함께 기본적인 연산법칙을 정리해 보자.

정리 3.1.2

임의의 벡터 $\mathbf{x}$, $\mathbf{y}$, $\mathbf{z}$와 실수 α, β에 대하여

(1) $\mathbf{x}+\mathbf{y}=\mathbf{y}+\mathbf{x}$

(2) $(\mathbf{x}+\mathbf{y})+\mathbf{z}=\mathbf{x}+(\mathbf{y}+\mathbf{z})$

(3) $\mathbf{x}+0=0+\mathbf{x}=\mathbf{x}$

(4) $\mathbf{x}+(-\mathbf{x})=0=(-\mathbf{x})+\mathbf{x}$

(5) $1\cdot\mathbf{x}=\mathbf{x}$

(6) $(\alpha\beta)\mathbf{x}=\alpha(\beta\mathbf{x})$

(7) $(\alpha+\beta)\mathbf{x}=\alpha\mathbf{x}+\beta\mathbf{x}$

(8) $\alpha(\mathbf{x}+\mathbf{y})=\alpha\mathbf{x}+\alpha\mathbf{y}$

단위벡터

크기가 1인 벡터를 **단위벡터**(unit vector)라 하고 각 축 방향의 단위벡터를 **기본단위벡터**(basic unit vector)라 한다.

$$\boldsymbol{i}=\begin{pmatrix}1\\0\\0\end{pmatrix},\qquad \boldsymbol{j}=\begin{pmatrix}0\\1\\0\end{pmatrix},\qquad \boldsymbol{k}=\begin{pmatrix}0\\0\\1\end{pmatrix}$$

n개의 벡터 x_1, x_2, $\cdots$, x_n과 임의의 스칼라 α_1, α_2, $\cdots$, α_n에 대하여 벡터

$$\mathbf{x}=\alpha_1x_1+\alpha_2x_2+\ \cdots\ +\alpha_nx_n$$

을 벡터 x_1, x_2, $\cdots$, x_n의 **일차결합**(linear combination)이라 하고, 일반적으로 벡터는 성분표시를 기본단위벡터의 일차결합으로 나타낼 수 있다. 예를 들어

$$\begin{pmatrix}x_1\\x_2\\x_3\end{pmatrix}=x_1\begin{pmatrix}1\\0\\0\end{pmatrix}+x_2\begin{pmatrix}0\\1\\0\end{pmatrix}+x_3\begin{pmatrix}0\\0\\1\end{pmatrix}=x_1\boldsymbol{i}+x_2\boldsymbol{j}+x_3\boldsymbol{k}$$

로 나타낼 수 있다.

또한 0이 아닌 임의의 벡터 $\mathbf{x}$에 대하여 $\mathbf{u}=\dfrac{1}{\|\mathbf{x}\|}\mathbf{x}$는 $\mathbf{x}$와 같은 방향의 단위벡터이다. $\mathbf{x}$와 같은 방향의 단위벡터 $\mathbf{u}$를 구하는 것을 $\mathbf{x}$를 **정규화**(normalization)한다고 한다.

예제 3.1.2 다음 각 벡터를 단위벡터 $\boldsymbol{i}$, $\boldsymbol{j}$, $\boldsymbol{k}$의 결합으로 나타내어라.

(1) $\mathbf{x}=\begin{pmatrix}3\\2\end{pmatrix}$ (2) $\mathbf{y}=\begin{pmatrix}2\\1\\-3\end{pmatrix}$

(3) $\mathbf{z}=\begin{pmatrix}-1\\5\\0\end{pmatrix}$

풀이 (1) $\mathbf{x}=3\boldsymbol{i}+2\boldsymbol{j}$

(2) $\mathbf{y}=2\boldsymbol{i}+\boldsymbol{j}-3\boldsymbol{k}$

(3) $\mathbf{z}=-\boldsymbol{i}+5\boldsymbol{j}$ □

예제 3.1.3 두 벡터 $\mathbf{a}=2\boldsymbol{i}+3\boldsymbol{j}-\boldsymbol{k}$, $\mathbf{b}=-2\boldsymbol{i}-2\boldsymbol{j}-2\boldsymbol{k}$에 대하여

(1) $2\mathbf{a}+\mathbf{b}$를 $\boldsymbol{i}$, $\boldsymbol{j}$, $\boldsymbol{k}$의 일차결합으로 나타내어라.

(2) 벡터 $\mathbf{c}=2\mathbf{a}+\mathbf{b}$에 대한 단위벡터를 구하여라.

풀이 (1) $2\mathbf{a}+\mathbf{b}=2(2\boldsymbol{i}+3\boldsymbol{j}-\boldsymbol{k})+(-2\boldsymbol{i}-2\boldsymbol{j}-2\boldsymbol{k})=2\boldsymbol{i}+4\boldsymbol{j}-4\boldsymbol{k}$

(2) $\|\mathbf{c}\|=\|2\mathbf{a}+\mathbf{b}\|=\sqrt{2^2+4^2(-4)^2}=6$이므로

$$\mathbf{u}=\frac{1}{\|\mathbf{c}\|}\mathbf{c}=\frac{1}{6}(2\boldsymbol{i}+4\boldsymbol{j}-4\boldsymbol{k}).$$ □

문제 3.1.1

크기가 2이고 $\begin{pmatrix}0\\3\\2\end{pmatrix}$와 같은 방향의 벡터를 구하여라.

일차독립

벡터 x_1, x_2, $\cdots$, x_n 가운데 어떤 한 벡터를 나머지 벡터들의 일차결합으로 나타낼 수 있을 때 벡터 x_1, x_2, $\cdots$, x_n은 **일차종속**(linearly dependent)이라 하고, 일차종속이 아닌 경우, 즉 벡터 x_1, x_2, $\cdots$, x_n 가운데 어느 것도 나머지 벡터들의 일차결합으로 나타낼 수 없을 때 x_1, x_2, $\cdots$, x_n은 **일차독립**(linearly independent)이라고 한다.

만약

$$\alpha_1 x_1 + \alpha_2 x_2 + \cdots + \alpha_n x_n = 0 \ (\alpha_1,\ \cdots,\ \alpha_n\text{은 임의의 실수})$$

이 성립하는 적어도 하나는 0이 아닌 상수 $\alpha_1,\ \cdots,\ \alpha_k$가 존재할 때 벡터 $x_1,\ \cdots,\ x_n$은 일차종속이라 하고, 위 식을 만족하는 $\alpha_1,\ \alpha_2,\ \cdots,\ \alpha_n$이

$$\alpha_1 = \alpha_2 = \cdots = \alpha_n = 0$$

을 만족할 때 벡터 $x_1,\ \cdots,\ x_n$은 일차독립이 된다.

방향각과 방향코사인

0이 아닌 임의의 벡터 $x = \begin{pmatrix} x_1 \\ x_2 \\ x_3 \end{pmatrix}$에 대하여 [그림 3.1.1]과 같이 x축, y축, z축과 이루는 각의 크기를 각각 α, β, γ라 할 때 벡터 $\begin{pmatrix} \cos\alpha \\ \cos\beta \\ \cos\gamma \end{pmatrix}$를 $\mathbf{x}$의 방향코사인(direction cosine)이라 한다. 방향코사인은 $\mathbf{x}$와 같은 방향의 단위벡터이므로

$$\cos^2\alpha + \cos^2\beta + \cos^2\gamma = 1$$

이 성립한다.

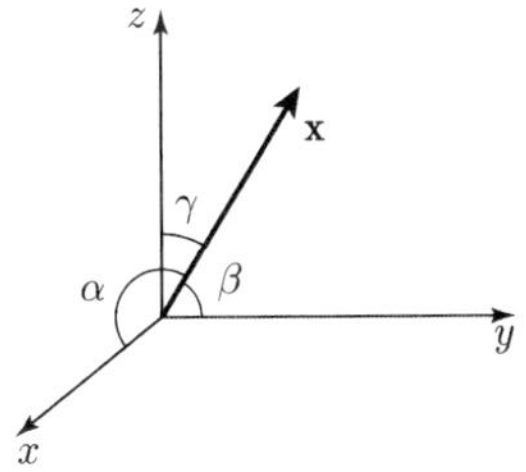

[그림 3.1.1]

내적

$\mathbf{x}$, $\mathbf{x}$가 0이 아닐 때 두 벡터가 이루는 각의 크기를 $\theta(0 < \theta < \pi)$라 하자. [그림 3.1.2]와 같이 $\mathbf{x}$와 $\mathbf{y}$의 시점을 $O(0, 0)$, 종점을 각각 $A(x_1, x_2)$, $B(y_1, y_2)$라 하면 $\overrightarrow{AB} = \mathbf{y} - \mathbf{x}$이다. 삼각형 OAB에 제2코사인법칙을 적용하면

$$\|\mathbf{y} - \mathbf{x}\|^2 = \|\mathbf{x}\|^2 + \|\mathbf{y}\|^2 - 2\cos\theta\,\|\mathbf{x}\|\,\|\mathbf{y}\|$$

를 얻는다. 이 식을 풀면

$$(x_1 - y_1)^2 + (x_2 - y_2)^2 = (x_1^2 + x_2^2) + (y_1^2 + y_2^2) - 2(\mathbf{x} \cdot \mathbf{y})$$

이므로

$$\mathbf{x} \cdot \mathbf{y} = x_1 y_1 + x_2 y_2$$

를 얻는다. 이때 $\mathbf{x} \cdot \mathbf{y}$를 벡터 $\mathbf{x}$, $\mathbf{y}$의 내적(inner product)이라 한다.

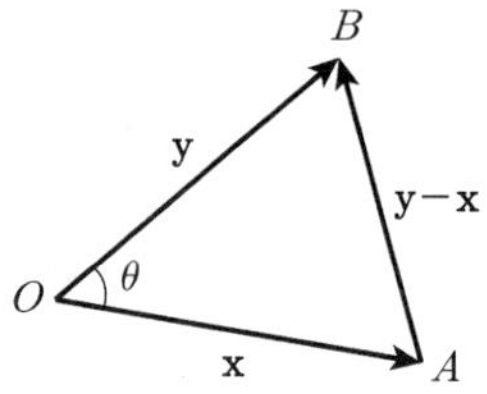

[그림 3.1.2]

벡터 $\mathbf{x}$, $\mathbf{y}$, $\mathbf{z}$와 실수 α, β에 대하여 다음의 내적에 관한 성질이 성립한다.

정리 3.1.3

(1) $\mathbf{x} \cdot \mathbf{x} \geq 0$ (단, 등호는 $\mathbf{x} = 0$일 때만 성립한다.)

(2) $\|\mathbf{x}\| = \sqrt{\mathbf{x} \cdot \mathbf{x}}$

(3) $\mathbf{x} \cdot \mathbf{y} = \mathbf{y} \cdot \mathbf{x}$

(4) $(\alpha\mathbf{x} + \beta\mathbf{y}) \cdot \mathbf{z} = \alpha(\mathbf{x} \cdot \mathbf{z}) + \beta(\mathbf{y} \cdot \mathbf{z})$

위의 두 번째 성질을 내적 계산에 사용하면

$$\mathbf{x} \cdot \mathbf{y} = \|\mathbf{x}\| \|\mathbf{y}\| \cos\theta$$

도 얻어낼 수 있고, 이로부터 벡터의 사잇각을 다음과 같이 정의한다.

정의 3.1.1

0이 아닌 임의의 벡터 $\mathbf{x}$, $\mathbf{y}$에 대하여

$$\cos\theta = \frac{\mathbf{x} \cdot \mathbf{y}}{\|\mathbf{x}\| \|\mathbf{y}\|}, \quad 0 \le \theta \le \pi$$

를 만족하는 실수값 θ를 $\mathbf{x}$와 $\mathbf{y}$의 사이의 각(angle)이라 한다.

예제 3.1.4 두 벡터 $\mathbf{x} = \begin{pmatrix} 3 \\ -2 \\ 1 \end{pmatrix}$, $\mathbf{y} = \begin{pmatrix} 4 \\ 3 \\ 2 \end{pmatrix}$이면

$\mathbf{x} \cdot \mathbf{y} = 3 \cdot 4 + (-2) \cdot 3 + 1 \cdot 2 = 8$이다. □

예제 3.1.5 두 벡터 $\mathbf{x} = \begin{pmatrix} 1 \\ 2 \\ 3 \end{pmatrix}$, $\mathbf{y} = \begin{pmatrix} -2 \\ 3 \\ 1 \end{pmatrix}$이 이루는 각의 크기를 구하여라.

풀이 두 벡터가 이루는 각의 크기를 θ라 하면

$$\cos\theta = \frac{\mathbf{x} \cdot \mathbf{y}}{\|\mathbf{x}\| \|\mathbf{y}\|} = \frac{7}{\sqrt{14}\sqrt{14}} = \frac{1}{2}$$

이고 $\theta = \frac{\pi}{3}$이다. □

문제 3.1.2

두 벡터 $\mathbf{x} = \begin{pmatrix} 2 \\ 1 \\ -2 \end{pmatrix}$, $\mathbf{y} = \begin{pmatrix} 1 \\ 1 \\ 1 \end{pmatrix}$에 대하여

(1) 두 벡터의 내적 $\mathbf{x} \cdot \mathbf{y}$를 구하여라.

(2) 두 벡터가 이루는 각을 θ라고 할 때 $\cos\theta$를 구하여라.

외적

두 벡터 $\mathbf{x}=\begin{pmatrix} x_1 \\ x_2 \\ x_3 \end{pmatrix}$, $\mathbf{y}=\begin{pmatrix} y_1 \\ y_2 \\ y_3 \end{pmatrix}$에 대하여

$$\begin{aligned}\mathbf{x}\times\mathbf{y} &= \begin{vmatrix} \boldsymbol{i} & \boldsymbol{j} & \boldsymbol{k} \\ x_1 & x_2 & x_3 \\ y_1 & y_2 & y_3 \end{vmatrix} \\ &= (x_2y_3 - x_3y_2)\boldsymbol{i} + (x_3y_1 - x_1y_3)\boldsymbol{j} + (x_1y_2 - x_2y_1)\boldsymbol{k}\end{aligned}$$

는 $\mathbf{x}$와 $\mathbf{y}$의 외적(outer product or vector product)이라 한다.

예제 3.1.6 $\mathbf{x}=\begin{pmatrix} 1 \\ 2 \\ -2 \end{pmatrix}$, $\mathbf{y}=\begin{pmatrix} 3 \\ 0 \\ 1 \end{pmatrix}$이라 할 때 $\mathbf{x}$와 $\mathbf{y}$의 외적을 구하여라.

풀이 $\mathbf{x}\times\mathbf{y}=\begin{vmatrix} \boldsymbol{i} & \boldsymbol{j} & \boldsymbol{k} \\ 1 & 2 & -2 \\ 3 & 0 & 1 \end{vmatrix}=2\boldsymbol{i}-7\boldsymbol{j}-6\boldsymbol{k}=\begin{pmatrix} 2 \\ -7 \\ -6 \end{pmatrix}$ □

3차원 벡터의 순서쌍 $(\mathbf{x},\ \mathbf{y},\ \mathbf{z})$가 기본단위벡터들의 순서쌍 $(\boldsymbol{i},\ \boldsymbol{j},\ \boldsymbol{k})$와 같은 방향관계를 가질 때, $(\mathbf{x},\ \mathbf{y},\ \mathbf{z})$는 오른손계를 이룬다고 한다. [그림 3.1.3]과 같이 오른손의 집게손가락이 $\mathbf{x}$의 방향을, 가운뎃손가락이 $\mathbf{y}$의 방향을 가리킬 때, 엄지손가락이 $\mathbf{z}$의 방향일 때를 의미한다. $\mathbf{x}$, $\mathbf{y}$가 나란하지 않은 두 벡터일 때, $\mathbf{x}\times\mathbf{y}$ 벡터는 $\mathbf{x}$, $\mathbf{y}$ 동시에 수직인 벡터이다. 즉

$$\mathbf{x}\perp(\mathbf{x}\times\mathbf{y}) \text{ 그리고 } \mathbf{y}\perp(\mathbf{x}\times\mathbf{y}).$$

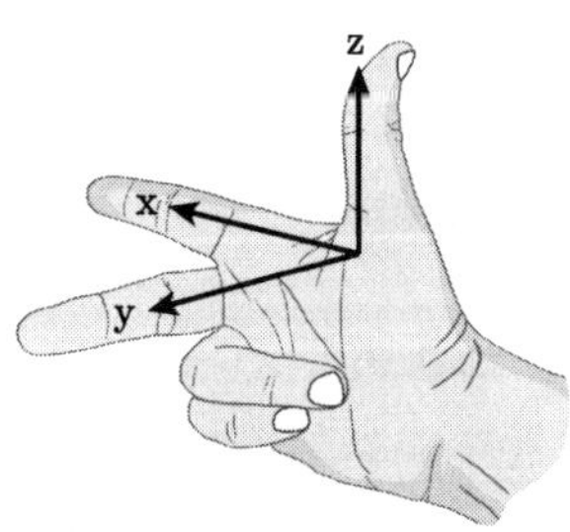

[그림 3.1.3]

다음 정리에서 외적에 대한 성질을 살펴보자.

정리 3.1.4

(1) $\mathbf{x}\times\mathbf{y}=-(\mathbf{y}\times\mathbf{x})$

(2) $\|\mathbf{x}\times\mathbf{y}\|=\|\mathbf{x}\|\|\mathbf{y}\|\sin\theta$ (θ는 $\mathbf{x}$와 $\mathbf{y}$의 사잇각)

($\mathbf{x}$와 $\mathbf{y}$가 이루는 평행사변형의 넓이)

(3) $(\mathbf{x}\times\mathbf{y})\cdot\mathbf{x}=0$, $(\mathbf{x}\times\mathbf{y})\cdot\mathbf{x}=0$

$\boldsymbol{i}\times\boldsymbol{j}=\boldsymbol{k}$ $\quad$ $\boldsymbol{j}\times\boldsymbol{k}=\boldsymbol{i}$ $\quad$ $\boldsymbol{k}\times\boldsymbol{i}=\boldsymbol{j}$

$\boldsymbol{j}\times\boldsymbol{i}=-\boldsymbol{k}$ $\quad$ $\boldsymbol{k}\times\boldsymbol{j}=-\boldsymbol{i}$ $\quad$ $\boldsymbol{i}\times\boldsymbol{k}=-\boldsymbol{j}$

연·습·문·제 3.1

EXERCISES

1. 다음 벡터의 크기를 구하여라.

(1) $\mathbf{x}=\begin{pmatrix}3\\0\\1\end{pmatrix}$ (2) $\mathbf{y}=\begin{pmatrix}-1\\2\\5\end{pmatrix}$

(3) $\mathbf{z}=\begin{pmatrix}2\\0\\3\end{pmatrix}$

2. 두 벡터 $3\boldsymbol{i}-\alpha\boldsymbol{j}+\boldsymbol{k}$, $\boldsymbol{i}+2\boldsymbol{j}$가 수직이 되도록 α의 값을 정하여라.

3. 벡터 $\begin{pmatrix}1\\3\\2\end{pmatrix}$와 같은 방향의 단위벡터를 구하여라.

4. $\mathbf{a}=\begin{pmatrix}1\\-2\\3\end{pmatrix}$ $\mathbf{b}=\begin{pmatrix}-4\\1\\0\end{pmatrix}$에 대하여 다음 값을 구하여라.

(1) $\|\mathbf{a}-\mathbf{b}\|$ (2) $\|2\mathbf{a}+3\mathbf{b}\|$

5. $\mathbf{a}=\boldsymbol{i}+\boldsymbol{j}+\boldsymbol{k}$, $\mathbf{b}=-\boldsymbol{i}+\boldsymbol{j}$, $\mathbf{c}=3\boldsymbol{i}+\boldsymbol{k}$일 때 다음 각 벡터의 사잇각에 대한 코사인값을 구하여라.

(1) $\mathbf{a}$, $\mathbf{b}$ (2) $\mathbf{a}$, $\mathbf{b}+\mathbf{c}$

(3) $\mathbf{a}+\mathbf{b}$, $\mathbf{c}$ (4) $\mathbf{a}+\mathbf{c}$, $\mathbf{a}-\mathbf{c}$

6. $\mathbf{a}=\boldsymbol{i}+\boldsymbol{j}$, $\mathbf{b}=-\boldsymbol{i}+2\boldsymbol{j}$, $\mathbf{c}=2\boldsymbol{i}+3\boldsymbol{j}+\boldsymbol{k}$에 대하여 다음을 구하여라.

(1) $\mathbf{a}\times\mathbf{b}$, $\mathbf{b}\times\mathbf{a}$ (2) $\mathbf{b}\times\mathbf{c}$

(3) $\mathbf{a}\times\mathbf{c}$, $\mathbf{a}\cdot\mathbf{c}$ (4) $2\mathbf{a}\cdot 3\mathbf{b}$

7. 두 벡터 $\mathbf{a}=\begin{pmatrix}1\\3\\-2\end{pmatrix}$, $\mathbf{b}=\begin{pmatrix}-2\\1\\-3\end{pmatrix}$의 사잇각을 구하여라.

3.2 직선과 평면의 방정식

직선의 방정식

공간에서 직선 l과 평행한 공간벡터 d를 직선 l의 **방향벡터**(direction vector)라 한다. 이때 d의 세 성분 d_1, d_2, d_3를 **방향계수**(direction coefficient)라 한다. [그림 3.2.1]과 같이 공간의 한 점 $P_0(x_0,\ y_0,\ z_0)$를 지나고 0이 아닌 벡터 $\mathbf{d}$와 평행인 직선을 l이라 하자. 점 P_0와 l 위의 임의의 점 $P(x,\ y,\ z)$의 위치벡터를 각각 $\mathbf{r}_0$, $\mathbf{r}$이라 하자. 이때 점 $P(x,\ y,\ z)$가 직선 l 위에 있을 조건은 $\mathbf{r}-\mathbf{r}_0$와 $\mathbf{d}$가 평행이다. 즉, 실수 t에 대해 $\mathbf{r}-\mathbf{r}_0=t\mathbf{d}$이다. 따라서 l의 방정식은

$$\mathbf{r}=\mathbf{r}_0+t\mathbf{d}$$

와 같이 나타낼 수 있다. 이러한 형태의 방정식을 직선 l의 **벡터방정식**(vector equation)이라 한다.

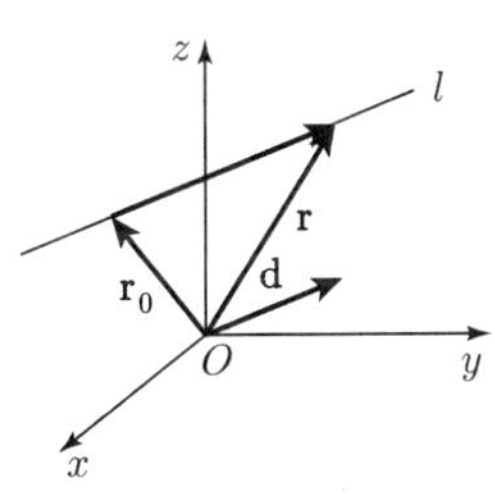

[그림 3.2.1]

방향계수를 d_1, d_2, d_3라 할 때 직선 l의 방정식은 다음과 같이 나타낼 수 있다.

$$x=x_0+d_1t,\ y=y_0+d_2t,\ z=z_0+d_3t$$

이를 l의 **매개변수방정식**(parametric equation)이라고 한다. 방향계수가 모두 0이 아니면 t에 대해 풀어서 t를 소거하면 다음 방정식을 얻는다.

$$\frac{x-x_0}{d_1}=\frac{y-y_0}{d_2}=\frac{z-z_0}{d_3}$$

이를 직선 l의 **대칭방정식**(symmetric equation)이라 한다.

예제 3.2.1 점 $P_0(1,\ 2,\ 3)$을 지나고 벡터 $d=\begin{pmatrix}3\\1\\4\end{pmatrix}$에 평행인 직선의 대칭방정식을 구하여라.

풀이 $\dfrac{x-1}{3}=\dfrac{y-2}{1}=\dfrac{z-3}{4}$. □

예제 3.2.2 점 $P_0(-1,\ 2,\ -3)$을 지나고 직선 $\dfrac{x+1}{2}=y-3=\dfrac{z}{4}$와 평행인 직선의 대칭방정식을 구하여라.

풀이 $\dfrac{x+1}{2}=y-2=\dfrac{z+3}{4}$. □

문제 3.2.1

두 직선 $x-1=\dfrac{y+3}{2}=\dfrac{z-5}{3}$와 $\dfrac{x+1}{-2}=\dfrac{y-1}{3}=z+4$가 이루는 각을 구하여라.

평면의 방정식

평면 π는 [그림 3.2.2]에서와 같이 그 평면에 수직인 공간벡터 $\mathbf{n}$에 의하여 결정된다. 이러한 벡터 $\mathbf{n}$을 평면 π의 **법선벡터**(normal vector)라고 한다.

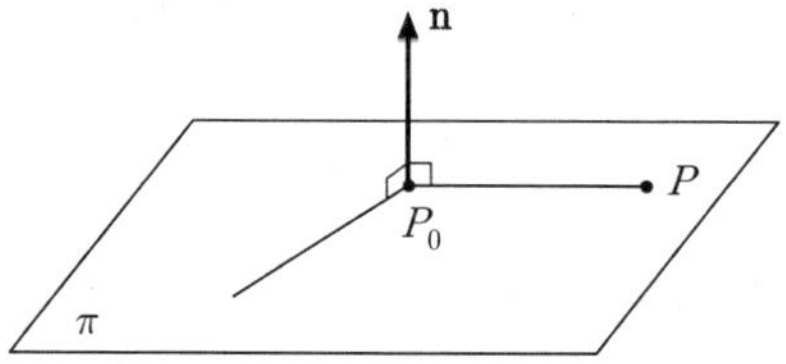

[그림 3.2.2]

공간에서 한 점 $P_0(x_0, y_0, z_0)$와 법선벡터 $\mathbf{n}=\begin{pmatrix} a \\ b \\ c \end{pmatrix}$가 주어진 평면을 π라고 하자. 임의의 점 $P(x, y, z)$가 평면 위의 점이 되기 위해서는 벡터 $\overrightarrow{P_0P}$와 벡터 $\mathbf{n}$은 수직이어야 한다. 벡터의 수직에 대한 필요충분조건은 내적이 0인 것이다. 즉 $\overrightarrow{P_0P} \cdot \mathbf{n}=0$. 이를 성분으로 나타내면

$$\begin{pmatrix} x-x_0 \\ y-y_0 \\ z-z_0 \end{pmatrix} \cdot \begin{pmatrix} a \\ b \\ c \end{pmatrix} = a(x-x_0)+b(y-y_0)+c(z-z_0)=0.$$

이것이 평면의 방정식이다.

예제 3.2.3 점 $P_0(2, -1, 3)$을 지나고 벡터 $\mathbf{n}=\begin{pmatrix} 2 \\ 5 \\ 4 \end{pmatrix}$에 수직인 평면의 방정식을 구하여라.

풀이 $P-P_0=\begin{pmatrix} x-2 \\ y+1 \\ z-3 \end{pmatrix}$과 $\mathbf{n}=\begin{pmatrix} 2 \\ 5 \\ 4 \end{pmatrix}$는 수직이므로 $\begin{pmatrix} x-2 \\ y+1 \\ z-3 \end{pmatrix} \cdot \begin{pmatrix} 2 \\ 5 \\ 4 \end{pmatrix}$이므로

$$2(x-2)+5(y+1)+4(z-3)=0.$$

□

문제 3.2.2

한 점 (3, 5, 2)를 지나고 직선 $\frac{x-1}{2}=\frac{y+2}{-1}=\frac{z-4}{5}$에 수직인 평면의 방정식을 구하여라.

연·습·문·제 3.2

EXERCISES

1. 점 $P(-1,\ 2,\ -1)$을 지나고 벡터 $\mathbf{d}=\begin{pmatrix} 5 \\ -1 \\ 3 \end{pmatrix}$에 평행한 직선의 벡터방정식과 매개변수방정식을 구하여라.

2. 점 P를 지나고 법선벡터 $\mathbf{n}$을 갖는 평면의 방정식을 구하여라.

   (1) $P(0,\ 1,\ 0),\ \mathbf{n}=\begin{pmatrix} 3 \\ 2 \\ 1 \end{pmatrix}$

   (2) $P(-3,\ 5,\ 1),\ \mathbf{n}=\begin{pmatrix} 1 \\ -1 \\ 5 \end{pmatrix}$

3. 점 $P(-1,\ 0,\ 3)$을 지나고 평면 $x-3y+2z=5$에 수직인 직선의 대칭방정식을 구하여라.

4. 점 $P(1,\ -1,\ 1)$을 지나고 방향벡터 $\mathbf{d}=\begin{pmatrix} 2 \\ 3 \\ -1 \end{pmatrix}$인 직선 l과 평행한 평면과 수직인 평면을 각각 찾아라.

   (1) $x-y-z=3$
   (2) $4x-y+5z=0$
   (3) $2x+3y-z=1$
   (4) $4x+6y-2z=0$

3.3 고윳값과 고유벡터

고윳값은 행렬이 갖는 고유한 특성을 나타내는 지표로 행렬의 성질에 대한 중요한 정보를 가지고 있다. 고윳값과 함께 고유벡터는 정사각행렬의 작용을 이해하는 데 도움을 준다. 고윳값과 고유벡터의 문제는 수학뿐만 아니라 다른 분야에도 폭넓게 쓰인다.

먼저 다음 예를 통해 고윳값과 고유벡터의 의미를 살펴보자.

예제 3.3.1 $A=\begin{pmatrix} 3 & 2 \\ 3 & -2 \end{pmatrix}$이고 $\mathbf{x}=\begin{pmatrix} 2 \\ 1 \end{pmatrix}$일 때

$$A\mathbf{x}=\begin{pmatrix} 3 & 2 \\ 3 & -2 \end{pmatrix}\begin{pmatrix} 2 \\ 1 \end{pmatrix}=\begin{pmatrix} 8 \\ 4 \end{pmatrix}=4\begin{pmatrix} 2 \\ 1 \end{pmatrix}=4\mathbf{x}.$$ □

예제 3.3.1에서 벡터 $\mathbf{x}=\begin{pmatrix} 2 \\ 1 \end{pmatrix}$에 대한 A의 작용은 스칼라 4에 의하여 간단히 나타낼 수 있음을 알 수 있다. 일반적으로 $n\times n$ 행렬 A가 n차원 벡터에 작용할 때, 특정 벡터 $\mathbf{x}$에 대하여 A가 특정 스칼라 λ를 곱하는 것과 같은 매우 간단한 방법으로 나타낼 수 있는 경우가 있다. 이러한 특정 벡터와 값을 구하는 것이 행렬의 작용을 파악하는 데 중요한 역할을 한다.

정의 3.3.1

A가 $n\times n$ 행렬이고 λ가 스칼라일 때

$$A\mathbf{x}=\lambda\mathbf{x}$$

를 만족하는 0이 아닌 n차원 벡터가 존재하면 λ를 행렬 A의 **고윳값**(eigen value) 또는 **특성값**(characteristic value)이라 하고, 벡터 $\mathbf{x}$를 λ에 대응하는 A의 **고유벡터**(eigen vector) 또는 **특성벡터**(characteristic vector)라 한다.

문제 3.3.1

행렬 $A=\begin{pmatrix}4 & -2\\ 1 & 1\end{pmatrix}$에 대하여

(1) $\mathbf{x}=\begin{pmatrix}2\\ 1\end{pmatrix}$은 고윳값 3에 대한 A의 고유벡터임을 보여라.

(2) $\mathbf{x}=\begin{pmatrix}1\\ 2\end{pmatrix}$는 A의 고유벡터가 아님을 보여라.

이제 일반직으로 주어진 $n\times n$ 행렬 A의 고윳값과 n차원 고유벡터 $\mathbf{x}$를 계산하는 방법을 알아보기 위해 고윳값에 대한 다음의 동치관계들을 살펴보자.

λ가 행렬 A의 고윳값이다.
$\Leftrightarrow$ $A\mathbf{x}=\lambda\mathbf{x}$를 만족하는 0이 아닌 벡터 $\mathbf{x}$가 존재한다.
$\Leftrightarrow$ $(A-\lambda I)\mathbf{x}=0$을 만족하는 0이 아닌 벡터 $\mathbf{x}$가 존재한다.
$\Leftrightarrow$ 선형연립방정식 $(A-\lambda I)\mathbf{x}=0$이 자명하지 않은 해를 갖는다.
$\Leftrightarrow$ 행렬 $A-\lambda I$는 특이행렬이다.
$\Leftrightarrow$ $|A-\lambda I|=0$이다.

위의 동치관계 마지막 식의 행렬식 $|A-\lambda I|$를 A의 **특성다항식**(characteristic polynomial)이라 하고 방정식 $|A-\lambda I|=0$을 A의 **특성방정식**(characteristic equation)이라고 한다. 특성방정식의 근을 구함으로써 A의 고윳값을 모두 구할 수 있다.

다음 예제에서 특성방정식을 이용하여 고윳값을 구해보자.

예제 3.3.2 행렬 $A=\begin{pmatrix}4 & -2\\ 1 & 1\end{pmatrix}$의 고윳값과 그에 대한 고유벡터를 구하여라.

풀이 득성방정식이 $\begin{vmatrix}4-\lambda & -2\\ 1 & 1-\lambda\end{vmatrix}=\lambda^2-5\lambda+6=(\lambda-2)(\lambda-3)=0$에서 $\lambda=2,\ \lambda=-3$이다. 즉 A의 고윳값은 2, 3이다. 고윳값 2에 대응하는 고유벡터는 $A-2\lambda=\begin{pmatrix}2 & -2\\ 1 & -1\end{pmatrix}$이므로 가우스 소거법을 이용하면

$$\left(\begin{array}{cc|c}2 & -2 & 0\\ 1 & -1 & 0\end{array}\right)\rightarrow\left(\begin{array}{cc|c}1 & -1 & 0\\ 0 & 0 & 0\end{array}\right).$$

연립일차방정식 $(A-2\lambda)\mathbf{x}=0$의 해는 임의의 0이 아닌 스칼라 α에 대하여 $\mathbf{x}=\alpha\begin{pmatrix}1\\1\end{pmatrix}$이다. 따라서 고윳값 2에 대한 A의 고유벡터는 $\mathbf{x}=\alpha\begin{pmatrix}1\\1\end{pmatrix}(\alpha\neq 0)$이다. 같은 방법으로 고윳값 3에 대응하는 고유벡터는 연립일차방정식 $(A-3\lambda)\mathbf{x}=0$의 해로 0이 아닌 임의의 스칼라 α에 대하여 $\mathbf{x}=\alpha\begin{pmatrix}2\\1\end{pmatrix}$이다. □

문제 3.3.2

다음 행렬의 고윳값과 고유벡터를 구하여라.

(1) $\begin{pmatrix}3 & 2\\3 & -2\end{pmatrix}$ (2) $\begin{pmatrix}1 & 3\\0 & 2\end{pmatrix}$

(3) $\begin{pmatrix}3 & 1\\-3 & 7\end{pmatrix}$ (4) $\begin{pmatrix}1 & 1\\-5 & 5\end{pmatrix}$

예제 3.3.3 다음 행렬의 곱을 구하여라.

$$\begin{pmatrix}3 & 1\\-3 & 7\end{pmatrix}^5\begin{pmatrix}5\\9\end{pmatrix}$$

풀이 $A=\begin{pmatrix}3 & 1\\-3 & 7\end{pmatrix}$, $\mathbf{x}=\begin{pmatrix}5\\9\end{pmatrix}$라 두고 $A^5\mathbf{x}$를 구하면 된다. A의 고윳값은

$$\lambda_1=4,\ \lambda_2=6$$

이고, 각각에 대응하는 고유벡터는 각각 $\mathbf{x}_1=\begin{pmatrix}1\\1\end{pmatrix}$, $\mathbf{x}_2=\begin{pmatrix}1\\3\end{pmatrix}$이다. 즉

$$A\mathbf{x}_1=4\mathbf{x}_1,\ A\mathbf{x}_2=6\mathbf{x}_2$$

이고, $\mathbf{x}=3\mathbf{x}_1+2\mathbf{x}_2$임을 쉽게 얻어낼 수 있다. 그러므로

$$\begin{aligned}A^5\mathbf{x}&=A^5(3\mathbf{x}_1+2\mathbf{x}_2)=3(A^5\mathbf{x}_1)+2(A^5\mathbf{x}_2)\\&=3(\lambda_1^5)\mathbf{x}_1+2(\lambda_2^5)\mathbf{x}_2\\&=3(4^5)\begin{pmatrix}1\\1\end{pmatrix}+2(6^5)\begin{pmatrix}1\\3\end{pmatrix}\\&=\begin{pmatrix}3072+15552\\3072+46656\end{pmatrix}=\begin{pmatrix}18624\\49728\end{pmatrix}.\end{aligned}$$

□

예제 3.3.4 현재 수도권에는 80만 명, 비수도권에는 40만 명이 살고 있다. 해마다 비수도권 인구 10%가 수도권으로 전입하고, 수도권 인구의 30%가 비수도권으로 전출을 한다고 할 때, 10년 후 수도권과 비수도권에 살고 있는 인구분포의 추이를 예측하여라.

풀이 먼저 1년 후 수도권과 비수도권 인구 (P_1)을 구하기 위해 $P_0 = \begin{pmatrix} 80 \\ 40 \end{pmatrix}$이라 두면

$$P_1 = \begin{pmatrix} 80 \times 0.7 + 40 \times 0.1 \\ 80 \times 0.3 + 40 \times 0.9 \end{pmatrix} = \begin{pmatrix} 0.7 & 0.1 \\ 0.3 & 0.9 \end{pmatrix} \begin{pmatrix} 80 \\ 40 \end{pmatrix}$$

이다. $A = \begin{pmatrix} 0.7 & 0.1 \\ 0.3 & 0.9 \end{pmatrix}$, $P_0 = \begin{pmatrix} 80 \\ 40 \end{pmatrix}$에 대해

$$\begin{aligned} P_1 &= AP_0 \\ P_2 &= AP_1 = A^2 P_0 \\ &\vdots \\ P_{10} &= AP_9 = A^{10} P_0 \end{aligned}$$

와 같이 주어진다. A의 특성방정식

$$\begin{aligned} |A - \lambda I| &= \begin{vmatrix} 0.7 - \lambda & 0.1 \\ 0.3 & 0.9 - \lambda \end{vmatrix} \\ &= \lambda^2 - 1.6\lambda + 0.6 = (\lambda - 0.6)(\lambda - 1) = 0 \end{aligned}$$

으로부터 고윳값 0.6과 1을 얻고 그에 대응하는 각각의 고유벡터는 $\mathbf{x}_1 = \begin{pmatrix} 1 \\ -1 \end{pmatrix}$, $\mathbf{x}_2 = \begin{pmatrix} 1 \\ 3 \end{pmatrix}$이다. 즉

$$A\mathbf{x}_1 = 0.6\mathbf{x}_1, \ A\mathbf{x}_2 = \mathbf{x}_2$$

이고 $P_0 = 50\mathbf{x}_1 + 30\mathbf{x}_2$이므로

$$\begin{aligned} A^{10} P_0 &= A^{10}(50\mathbf{x}_1 + 30\mathbf{x}_2) = 50(A^{10}\mathbf{x}_1) + 30(A^{10}\mathbf{x}_2) \\ &= 50(0.6)^{10}\mathbf{x}_1 + 30\mathbf{x}_2 \end{aligned}$$

이다. □

연·습·문·제 3.3

EXERCISES

1. 다음 행렬의 고윳값과 고유벡터를 구하여라.

(1) $\begin{pmatrix} 1 & 2 \\ 3 & 2 \end{pmatrix}$

(2) $\begin{pmatrix} 1 & 2 \\ 0 & 1 \end{pmatrix}$

(3) $\begin{pmatrix} 5 & 4 \\ 1 & 2 \end{pmatrix}$

(4) $\begin{pmatrix} 2 & -1 \\ 1 & 4 \end{pmatrix}$

2. 다음 행렬 A의 고윳값과 고유벡터를 구하여라.

$$A = \begin{pmatrix} 1 & -3 & 3 \\ 3 & -5 & 3 \\ 6 & -6 & 4 \end{pmatrix}$$

생각해 보기

그림자의 모양 알아보기

좌표공간에서 중심이 C(3, 2, 2)이고 반지름의 길이가 2인 구가 있다. 점 A(3, 0, 3)의 위치에 전구를 놓을 때 xy평면에 생기는 구에 대한 그림자의 모양을 구하여보자.

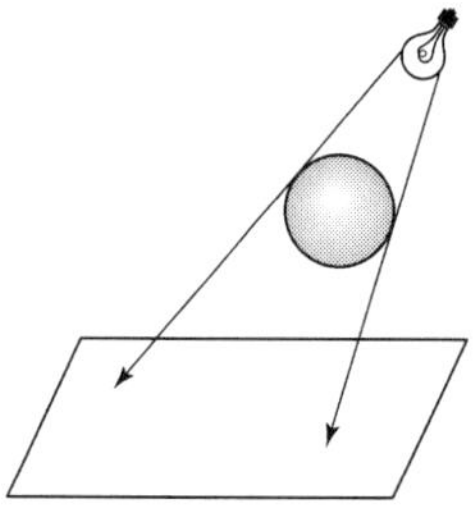

중심이 (3, 2, 2)이고 반지름의 길이가 2인 구의 방정식은 다음과 같다.

$$(x-3)^2+(y-2)^2+(z-2)^2=4$$

이제 점 A(3, 0, 3)에서 구에 접선을 그어, 그 접선과 xy평면과의 교점의 자취를 구하면 된다.

한편 두 벡터 $\overrightarrow{OA}$, $\overrightarrow{OB}$가 이루는 각의 크기가 θ이고 점 A에서 $\overrightarrow{OB}$에 내린 수선의 발을 H라고 할 때

$$\overrightarrow{OA}\cdot\overrightarrow{OB}=|\overrightarrow{OA}||\overrightarrow{OB}|\cos\theta=|\overrightarrow{OH}||\overrightarrow{OB}|$$

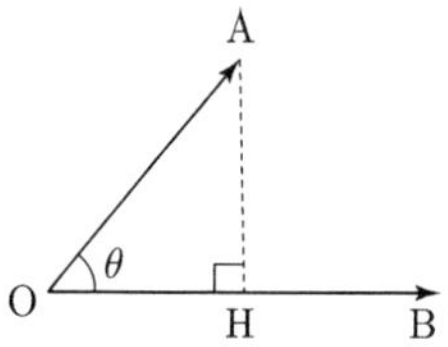

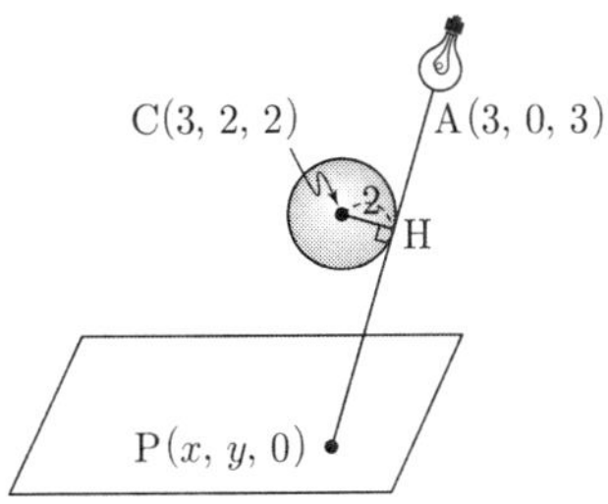

점 A(3, 0, 3)에서 구에 그은 접선과 xy평면과의 교점을 P(x, y, 0), 구와의 접점을 H라 하면 구의 중심은 C(3, 2, 2)이므로

$$\overrightarrow{AP} \cdot \overrightarrow{AC} = |\overrightarrow{AP}||\overrightarrow{AH}| \quad \cdots ㉠$$

그런데

$$\overrightarrow{AP} \cdot \overrightarrow{AC} = (x-3,\ y,\ -3) \cdot (0,\ 2,\ 1)$$
$$= 2y+3 \quad \cdots ㉡$$
$$|\overrightarrow{AP}| = \sqrt{(x-3)^2+y^2+9} \quad \cdots ㉢$$
$$|\overrightarrow{AH}| = \sqrt{|\overrightarrow{AC}|^2 - |\overrightarrow{CH}|^2} = \sqrt{5-4} = 1 \quad \cdots ㉣$$

㉡, ㉢, ㉣을 ㉠에 대입하여 정리하면

$$2y+3 = \sqrt{(x-3)^2+y^2+9},\ (2y+3)^2 = (x-3)^2+y^2+9$$
$$4y^2+12y+9 = (x-3)^2+y^2+9,\ 3y^2+12y = (x-3)^2$$
$$3(y+2)^2-(x-3)^2 = 12$$
$$\therefore\ \frac{(x-3)^2}{12} - \frac{(y-2)^2}{4} = -1$$

즉 그림자의 모양은 쌍곡선이다.

예제 구 $(x-1)^2+(y-2)^2+(z-3)^2=4$ 위의 점에서 평면 $x+2y-2z=18$에 이르는 거리의 최솟값을 구하여라.

풀이 주어진 구는 중심이 (1, 2, 3)이고 반지름의 길이가 2이다. 따라서 중심 (1, 2, 3)으로부터 평면 $x-2y+2z=18$까지의 거리 d는

$$d = \frac{|1 \cdot 1 - 2 \cdot 2 + 2 \cdot 3 - 18|}{\sqrt{1^2 + (-2)^2 + 2^2}} = \frac{15}{3} = 5$$

따라서 구 위의 점에서 평면까지의 거리의 최솟값은

$$5 - 2 = 3$$

□

문제

바닥과 옆면이 모두 수직인 어느 방 구석에 반지름 1cm 구슬이 세 벽에 닿은 채 놓여 있다. 멀리서 또 다른 구슬을 던져 이 구슬을 맞추려고 한다. 이때 던진 구슬의 반지름의 최댓값은?

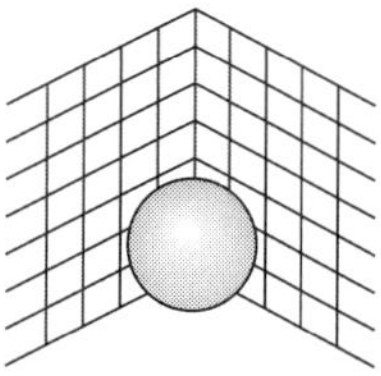

① $1+\sqrt{3}$
② $2+\sqrt{3}$
③ $3-\sqrt{3}$
④ $\frac{1+\sqrt{3}}{2}$
⑤ $\frac{5-\sqrt{3}}{2}$

제4장

함수의 극한과 연속

4.1 함수의 극한

먼저 직관적이고 비형식적인 방법으로 함수의 극한을 정의해보자.

정의 4.1.1

점 a의 근방에서 정의된 함수 $f(x)$에 대해서 x가 a에 한없이 가까워질 때 $f(x)$가 일정한 수 L에 한없이 가까워지면, 이것을

$$x \to a \text{일 때} \quad f(x) \to L \quad \text{또는} \quad \lim_{x \to a} f(x) = L$$

로 표시하고, L을 $x \to a$일 때 $f(x)$의 **극한값**(limit value)이라 한다.

주의 ‖ (1) 기호 $x \to a$는 x가 a에 한없이 가까워지되 $x \neq a$를 의미하며, $f(x)$ 역시 $x = a$에서 정의되지 않더라도 극한값은 생각할 수 있다.

(2) x가 a에 한없이 가까워질 때, x가 a보다 큰 쪽(오른쪽)에서부터 a에 가까워지는 경우에는 $x \to a^+$, 작은 쪽(왼쪽)에서 a에 가까워지는 경우에는 $x \to a^-$로서 구별하여 나타낸다. 극한값 L이 존재하는 경우에는

$$\lim_{x \to a^+} f(x) = \lim_{x \to a^-} f(x) = L$$

임을 알 수 있다. 좀 더 엄격한 형식적 정의를 이용하면 그 역도 성립함을 알 수 있다.

예제 4.1.1 만약 $f(x) = x$ (항등함수)이면

$$\lim_{x \to a} f(x) = \lim_{x \to a} x = a$$

이고, $f(x) = c$ (상수함수)이면

$$\lim_{x \to a} f(x) = \lim_{x \to a} c = c$$

이다. □

정리 4.1.1 함수의 극한정리

$\lim_{x\to a} f(x)=L$, $\lim_{x\to a} g(x)=M$이면 다음이 성립한다.

(1) $\lim_{x\to a}\{f(x)+g(x)\}=L+M$

(2) $\lim_{x\to a}\{f(x)g(x)\}=LM$

(3) $\lim_{x\to a} kf(x)=kL$ (단, k는 상수)

(4) $\lim_{x\to a}\dfrac{f(x)}{g(x)}=\dfrac{L}{M}$ (단, $M\neq 0$)

예제 4.1.2 함수의 극한정리로부터 다음 극한값을 구해보자.

(1) $\lim_{x\to 1}(5x+4)=\lim_{x\to 1}5x+\lim_{x\to 1}4=11$

(2) $\lim_{x\to 0}\dfrac{x+1}{x^2+1}=\dfrac{\lim_{x\to 0}(x+1)}{\lim_{x\to 0}(x^2+1)}=1$

(3) $\lim_{x\to 0}\dfrac{x^3-x^2-2x}{x^2+x}=\lim_{x\to 0}\dfrac{x(x+1)(x-2)}{x(x+1)}=\lim_{x\to 0}(x-2)=-2$

(4) $$\begin{aligned}\lim_{x\to 2}\frac{1-\sqrt{x-1}}{x-2}&=\lim_{x\to 2}\frac{(1-\sqrt{x-1})(1+\sqrt{x-1})}{(x-2)(1+\sqrt{x-1})}\\&=\lim_{x\to 2}\frac{-(x-2)}{(x-2)(1+\sqrt{x-1})}=-\frac{1}{2}\end{aligned}$$ □

극한값 $\lim_{x\to a}\dfrac{f(x)}{g(x)}$가 존재할 때 $\lim_{x\to a}g(x)=0$이면 $\lim_{x\to a}f(x)=0$이어야 한다. 왜냐하면 $\lim_{x\to a}f(x)\neq 0$이면 주어진 분수의 극한값은 발산하므로, 가정에 모순되기 때문이다.

문제 4.1.1

다음 극한값을 구하여라.

(1) $\lim_{x\to 2}(x-2)$ (2) $\lim_{x\to 1}\dfrac{x^2+1}{x+1}$ (3) $\lim_{x\to 0}\dfrac{x^3-1}{x^2-1}$ (4) $\lim_{x\to 1}\dfrac{\sqrt{x+3}-2}{x-1}$

예제 4.1.3 $\lim_{x \to 1} \frac{x^2 + ax + b}{x - 1} = 3$을 만족하는 a와 b를 구하여라.

풀이 분모의 극한값이 0이므로, 분자의 극한값도 0이어야 한다. 즉

$$\lim_{x \to 1} (x^2 + ax + b) = 0$$

이다. 따라서

$$1 + a + b = 0, \quad \text{즉} \quad b = -a - 1.$$

주어진 식에 대입하면

$$\begin{aligned} \lim_{x \to 1} \frac{x^2 + ax - a - 1}{x - 1} &= \lim_{x \to 1} \frac{(x-1)(x+a+1)}{x - 1} \\ &= 2 + a = 3 \end{aligned}$$

이므로 $a = 1$, $b = -2$이다. □

정리 4.1.2 조임정리

$x = a$의 근방에서 항상 $f(x) \leq h(x) \leq g(x)$이고

$$\lim_{x \to a} f(x) = \lim_{x \to a} g(x) = L$$

이면 $\lim_{x \to a} h(x) = L$이다.

예제 4.1.4 $\lim_{x \to 0} x \sin \frac{1}{x}$을 구하여라.

풀이 $\left| x \sin \frac{1}{x} \right| = |x| \left| \sin \frac{1}{x} \right| \leq |x|$이므로 $-|x| \leq x \sin \frac{1}{x} \leq |x|$이다.

$\lim_{x \to 0} |x| = \lim_{x \to 0} (-|x|) = 0$이므로 정리 4.1.2에 의해 $\lim_{x \to 0} x \sin \frac{1}{x}$이 성립한다. □

초월함수의 극한을 예제를 통하여 알아보자.

예제 4.1.5 지수함수와 로그함수에 대한 극한을 구하여라.

(1) $\displaystyle\lim_{x\to\infty}\frac{3^x}{5^x}=\lim_{x\to\infty}\left(\frac{3}{5}\right)^x=0$

(2) $\displaystyle\lim_{x\to\infty}\frac{2^x}{2^x+1}=\lim_{x\to\infty}\frac{1}{1+\frac{1}{2^x}}=1$

(3) $\displaystyle\lim_{x\to\infty}\log\left(1+\frac{1}{x}\right)=\log\left(\lim_{x\to\infty}\left(1+\frac{1}{x}\right)\right)=\log 1=0$

(4) $\displaystyle\lim_{x\to 1^+}\{\log_2(x^2-1)-\log_2(x-1)\}$

$$=\log_2\left(\lim_{x\to 1^+}\frac{x^2-1}{x-1}\right)=\log_2 2=1$$ □

정리 4.1.3

$$\lim_{x\to\pm\infty}\left(1+\frac{1}{x}\right)^x=e$$

예제 4.1.6 다음 극한을 구하여라.

(1) $\displaystyle\lim_{x\to\infty}\left(1+\frac{3}{x}\right)^x$

(2) $\displaystyle\lim_{x\to 0}(1-2x)^{\frac{1}{x}}$

(3) $\displaystyle\lim_{x\to 0}\frac{\ln(1+x)}{x}$

풀이 (1) $\frac{x}{3}=t$로 치환하면, $x\to\infty$일 때 $t\to\infty$이므로

$$\lim_{x\to\infty}\left(1+\frac{3}{x}\right)^x=\lim_{x\to\infty}\left\{\left(1+\frac{3}{x}\right)^{\frac{x}{3}}\right\}^3=\lim_{t\to\infty}\left\{\left(1+\frac{1}{t}\right)^t\right\}^3=e^3.$$

(2) $-2x=t$로 치환하면, $x\to 0$일 때 $t\to 0$이므로

$$\lim_{x\to0}(1-2x)^{\frac{1}{x}}=\lim_{x\to0}\left\{(1-2x)^{\frac{1}{2x}}\right\}^2=\lim_{t\to0}\left\{(1+t)^{\frac{1}{t}}\right\}^2=e^2.$$

(3) $\dfrac{\ln(1+x)}{x}=\dfrac{1}{x}\ln(1+x)=\ln(1+x)^{\frac{1}{x}}$ 이므로

$$\lim_{x\to0}\frac{\ln(1+x)}{x}=\lim_{x\to0}\ln(1+x)^{\frac{1}{x}}=\ln e=1.$$ □

정리 4.1.4

$$\lim_{x\to0}\frac{\sin x}{x}=1$$ (단, x의 단위는 라디안)

(증명) [그림 4.1.1]에서와 같이 좌표평면에 반지름이 r인 원을 그리고, 이 원과 x축, y축이 만나는 점을 각각 A와 B라 하자.

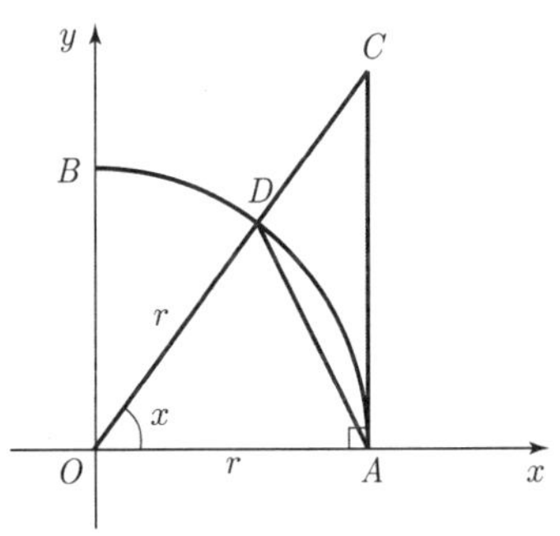

[그림 4.1.1]

또한 원주 위의 한 점 D에 대하여 $\angle AOD=x$(라디안)라 두고, A를 지나면서 x축에 수직인 직선과 원점 O와 점 D를 지나는 직선이 만나는 점을 C라 하자.

$0<x<\dfrac{\pi}{2}$일 때 [그림 4.1.1]의 삼각형 $\triangle OAD$, 부채꼴 $\triangledown OAD$와 직각삼각형 $\triangle OAC$의 각 넓이를 비교하면

$$(\triangle OAD\text{의 넓이}) < (\triangledown OAD\text{의 넓이}) < (\triangle OAC\text{의 넓이})$$

가 성립한다. 따라서 $\overline{AC} = r\tan x$이므로, 다음 관계식을 만족한다.

$$\frac{1}{2}r^2\sin x < \frac{1}{2}r^2 x < \frac{1}{2}r^2\tan x$$

이 부등식을 정리하면 $\sin x < x < \tan x$이고, 다시 $\sin x$로 나누면

$$1 < \frac{x}{\sin x} < \frac{1}{\cos x}$$

이므로

$$\cos x < \frac{\sin x}{x} < 1$$

이다. 그런데 $\lim_{x\to 0^+}\cos x = 1$이므로, 조임정리(정리 4.1.2)에 의해 다음이 성립한다.

$$\lim_{x\to 0^+}\frac{\sin s\, x}{x} = 1$$

$-\frac{\pi}{2} < x < 0$인 경우에도 $x = -z$로 치환하면

$$\lim_{x\to 0^-}\frac{\sin s\, x}{x} = \lim_{z\to 0^+}\frac{\sin(-z)}{-z} = \lim_{z\to 0^+}\frac{-\sin z}{-z}$$

$$= \lim_{z\to 0^+}\frac{\sin s\, z}{z} = 1. \qquad \square$$

예제 4.1.7 다음 극한을 구하여라.

(1) $\lim_{x\to 0}\frac{\sin^2 x}{1-\cos x}$　　(2) $\lim_{x\to 0}\frac{\sin 4x}{x}$

(3) $\lim_{x\to 0}\frac{\sin 3x}{\sin 2x}$

풀이 (1) $\sin^2 x = 1 - \cos^2 x$이므로

$$\lim_{x\to0}\frac{\sin^2 x}{1-\cos x} = \lim_{x\to0}\frac{1-\cos^2 x}{1-\cos x} = \lim_{x\to0}\frac{(1+\cos x)(1-\cos x)}{1-\cos x} = \lim_{x\to0}(1+\cos x) = 2.$$

(2) $4x = t$로 치환하면, $x\to0$일 때 $t\to0$이므로

$$\lim_{x\to0}\frac{\sin 4x}{x} = \lim_{x\to0} 4\cdot\frac{\sin 4x}{4x} = 4\lim_{t\to0}\frac{\sin t}{t} = 4.$$

(3) $$\lim_{x\to0}\frac{\sin 3x}{\sin 2x} = \lim_{x\to0}\frac{3\cdot\dfrac{\sin 3x}{3x}}{2\cdot\dfrac{\sin 2x}{2x}} = \frac{3}{2}$$ □

문제 4.1.2

다음 극한을 구하여라.

(1) $\lim_{x\to\infty}\frac{5^x}{3^x}$

(2) $\lim_{x\to\infty}\frac{2^x+3^x}{2^x-3^x}$

(3) $\lim_{x\to0}\left(1+\frac{x}{3}\right)^{\frac{1}{x}}$

(4) $\lim_{x\to\infty}\left(1+\frac{3}{x}\right)^{5x}$

(5) $\lim_{x\to0}\frac{\tan 3x}{x}$

(6) $\lim_{x\to0}\frac{x}{\sin 3x}$

연·습·문·제 4.1

EXERCISES

1. 다음의 극한값을 구하여라.

(1) $\lim_{x \to 5} \frac{x+5}{x^2-25}$

(2) $\lim_{x \to \infty} \left(1-\frac{1}{x}\right)^x$

(3) $\lim_{x \to 0} (1+3x)^{\frac{1}{x}}$

(4) $\lim_{x \to \infty} \frac{2x^2+3}{x^2-x+1}$

(5) $\lim_{x \to 0} \frac{\sin 3x}{2x}$

(6) $\lim_{x \to 0} \frac{x \sin x}{1-\cos x}$

2. $\lim_{x \to 2} \frac{x^2+ax+b}{x-2} = 1$을 만족하는 a, b를 구하여라.

4.2 함수의 연속

함수 $f(x)$가 $x=a$에서 **연속**(continuity)이란 극한값 $f(x)$와 함숫값 $f(a)$가 둘 다 존재하여 서로 일치하는 경우를 말한다. 즉

$$\lim_{x\to a} f(x) = f(a)$$

이다. 이것을

$$\lim_{h\to 0} f(a+h) = f(a)$$

로도 나타낼 수 있다.

예제 4.2.1 $f(x) = \dfrac{|x|}{x}\ (x \neq 0)$는 $x=0$에서 불연속이다.

풀이 $f(0)$이 정의되지 않고 $\lim_{x\to 0} f(x)$도 존재하지 않으므로, 주어진 함수는 $x=0$에서 불연속이다. □

예제 4.2.2 $f(x) = \dfrac{x^2-1}{x-1}$은 $x=1$에서 불연속임을 보이고, $x=1$에서 연속이 되도록 함숫값을 정의해 보아라.

풀이 $f(1)$이 존재하지 않으므로, $f(x)$는 $x=1$에서 불연속이다. 한편

$$\lim_{x\to 1} f(x) = \lim_{x\to 1} (x+1) = 2$$

이므로, $x=1$에서의 함숫값을 2로 하는 새로운 함수

$$F(x) = \begin{cases} \dfrac{x^2-1}{x-1}, & x \neq 1 \\ 2, & x = 1 \end{cases}$$

는 모든 점에서 연속이다. □

함수에 대한 극한정리 4.1.1로부터 다음 정리를 알 수 있다.

정리 4.2.1

$f(x)$와 $g(x)$가 $x=a$에서 연속이면,

$$f(x)+g(x),\ f(x)g(x) \text{와 } \frac{f(x)}{g(x)} \quad (\text{단, } g(x)\neq 0)$$

는 $x=a$에서 연속이다.

(증명) 가정에서 $\lim_{x\to a} f(x)=f(a)$이고 $\lim_{x\to a} g(x)=g(a)$이므로, 극한정리에 의하여 다음이 성립한다.

(1) $\lim_{x\to a}\{f(x)+g(x)\}=\lim_{x\to a} f(x)+\lim_{x\to a} g(x)=f(a)+g(a)$

(2) $\lim_{x\to a}\{f(x)g(x)\}=\lim_{x\to a} f(x)\cdot\lim_{x\to a} g(x)=f(a)g(a)$

(3) $\lim_{x\to a}\frac{f(x)}{g(x)}=\frac{\lim_{x\to a} f(x)}{\lim_{x\to a} g(x)}=\frac{f(a)}{g(a)}$ (단, $g(a)\neq 0$)

따라서 $x=a$에서 연속이다. □

정리 4.2.2

함수 $f(x)$가 $x=a$에서 연속이고 함수 $g(y)$는 $y=f(a)$에서 연속이면, 합성함수 $(g\circ f)(x)$도 $x=a$에서 연속이다.

정리 4.2.3

$\lim_{x\to a} f(x)=l$이고 $g(y)$가 $y=l$에서 연속이면 다음이 성립한다.

$$\lim_{x\to a} g(f(x))=g\left\{\lim_{x\to a} f(x)\right\}=g(l)$$

(증명) $F(x)=\begin{cases} f(x), & x \neq a \\ l, & x = a \end{cases}$라 두면

$$\lim_{x\to a} F(x) = \lim_{x\to a} f(x) = l = F(a)$$

이므로, $F(x)$는 $x=a$에서 연속이다. 따라서 정리 4.2.2에 의하여 $(g \circ F)(x)$는 $x=a$에서 연속이고, $x \neq a$일 때 $f(x)=F(x)$이므로

$$\lim_{x\to a} (g \circ f)(x) = \lim_{x\to a} (g \circ F)(x) = g(F(a)) = g(l)$$

을 만족한다. □

다음 두 정리는 연속함수에 대한 중요한 정리들이나 이들의 증명은 생략한다.

정리 4.2.4 중간값 정리

함수 $f(x)$가 폐구간 $[a, b]$에서 연속이고 $f(a) \neq f(b)$이면, $f(a)$와 $f(b)$ 사이의 임의의 값 k에 대하여 $f(c)=k$를 만족하는 c가 a와 b 사이에 적어도 하나 존재한다. ([그림 4.2.1] 참조)

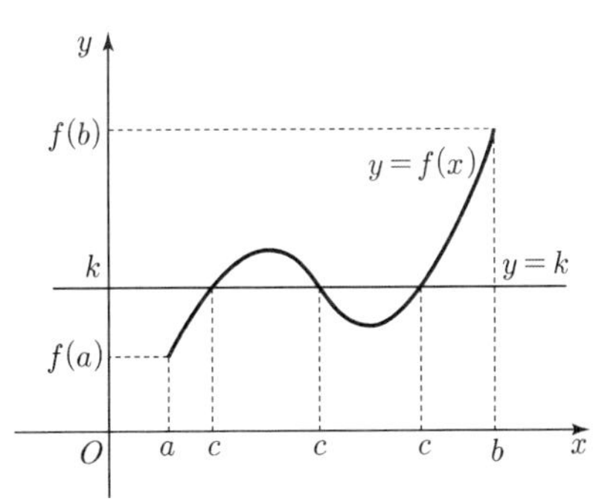

[그림 4.2.1]

중간값 정리의 응용으로써 함수 $f(x)$가 폐구간 $[a, b]$에서 연속이고 $f(a)$와 $f(b)$의 부호가 서로 다르면, 즉 $f(a) \cdot f(b) < 0$이면 방정식 $f(x)=0$은 개구간 (a, b)에서 적어도 하나의 실근을 가짐을 알 수 있다.

예제 4.2.3 방정식 $x^2+2x-4=0$은 1과 2 사이에서 적어도 하나의 실근을 가짐을 보여라.

풀이 $f(x)=x^2+2x-4$라 두면 함수 $f(x)$는 폐구간 $[1,\ 2]$에서 연속이고

$$f(1)=-1<0,\quad f(2)=4>0$$

이므로, 중간값 정리에 의해 $f(c)=0$을 만족하는 개구간 $(1,\ 2)$에 속하는 점 c가 적어도 하나 존재한다. 따라서 $f(x)=0$을 만족하는 실근이 1과 2 사이에서 적어도 하나 존재한다. □

정리 4.2.5 **최대·최솟값의 정리**

함수 $f(x)$의 폐구간 $[a,\ b]$에서 연속이면, $f(x)$는 주어진 구간에서 최대·최솟값을 가진다.

연·습·문·제 4.2

EXERCISES

1. 다음의 함수 $f(x)$가 모든 x에 대하여 연속이 되도록 a를 결정하여라.

$$f(x)=\begin{cases} a^2x, & x<1 \\ 3ax-2, & x\ge 1 \end{cases}$$

2. 다음 함수의 연속함수인지 불연속함수인지 밝히고 불연속점이 있으면 구하여라.

(1) $f(x)=x^2+x+1$ (2) $f(x)=|\sin x|$

(3) $f(x)=\dfrac{x+1}{x^2-1}$

3. 구간 $\left[0,\ \dfrac{5}{4}\pi\right]$에서 $f(x)=\cos x$의 최댓값과 최솟값을 구하여라.

4. 중간값 정리를 써서 다음 방정식이 주어진 구간에서 적어도 하나의 실근을 가짐을 보여라.

(1) $f(x)=x^3+5x+1,\ -4\le x\le 1$

(2) $f(x)=(x^2-1)\cos x+\sqrt{2}\sin x,\ 0\le x\le \dfrac{\pi}{2}$

생각해 보기

제논의 역설과 무한대의 개념

(1) 제논의 역설

제논은 그리스의 소피스트로 머리가 매우 좋고 학식도 높았으나 성질이 괴팍하여 그 당시의 대학자들의 학설을 꼬집어 비꼬기만 하여서 그가 내세운 역설로 인해 많은 사상가들이 곤욕을 치렀고 사람들의 미움까지 받게 되다가 끝내 왕에게 무참히 처형되고 말았다.

형장에서도 마지막으로 왕에게만 직접 전해야 할 중대한 비밀이 있다고 하며 왕에게 다가가서 느닷없이 왕의 귀를 물어 뜯었으며, 호위병이 달려가서 칼로 목을 쳤으나 잘린 목이 여전히 왕의 귀를 물고 있더라는 전설이 남아 있다.

또 다른 말에 의하면, 제논이 사형 언도를 받자 왕에게 책을 한 권 주면서 이 책 속에 자기의 발표되지 않은 중요한 비밀이 적혀 있으니 직접 읽어 보라고 하여 왕은 책을 받아들고 책을 넘겼으나 책장이 너무 찰싹 붙어 있어 한 장씩 잘 넘겨지지 않아서 연신 손가락에 침을 묻혀가며 그 책을 다 넘겨 봤는데도 아무것도 적힌 것이 없었다고 한다.

그러자 왕을 지켜보고 있던 제논은 “나를 죽이려는 고약한 왕아! 너도 그 책에 묻은 독이 곧 몸에 퍼져 죽게 될 것이다”라고 하였다고 한다. 그러나 어느 말이 진실인지는 알 수가 없다.

제논의 역설 가운데 다음 네 가지가 가장 유명하다.

① 모든 운동이란 있을 수 없다.

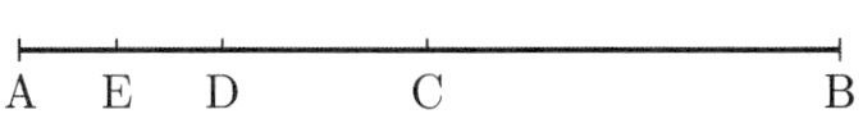

A에서 B까지 움직이려면 반드시 $\overline{AB}$의 중점 C를 지나야 한다. 또 C까지 가려면 $\overline{AC}$의 중점 D를 지나야 한다.

이와 같이 그 중점을 계속 지나야 하는데, 그런 점들은 무한히 많으므로 A에서

B까지 영원히 갈 수 없고, 따라서 운동이란 있을 수 없다.

② 아킬레스(Achilles, 아테네의 유명한 달리기 선수)는 앞에 도망가는 거북이를 영원히 따라잡을 수 없다.

아킬레스가 거북이가 처음 있던 점까지 가면 거북이는 이미 어느 정도 전진해서 좀 더 앞에 가 있다. 또 그 점까지 가면 이미 거북이는 좀 더 앞에 나가 있다. 이렇게 계속 전진해 나가면 아킬레스는 거북이를 영원히 따라잡을 수 없게 된다.

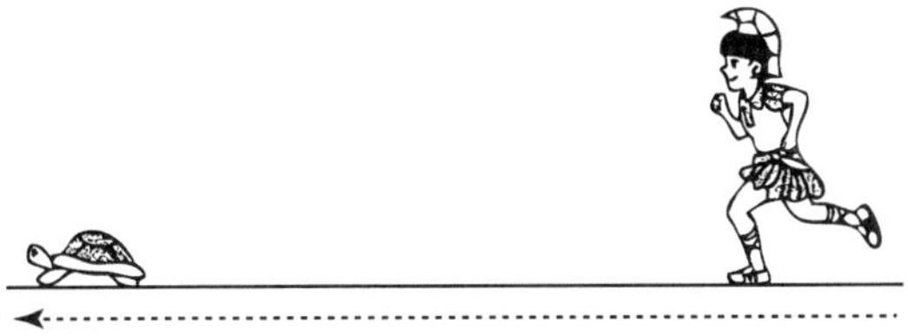

③ 공중을 나는 화살은 움직이지 않고 정지하고 있다.

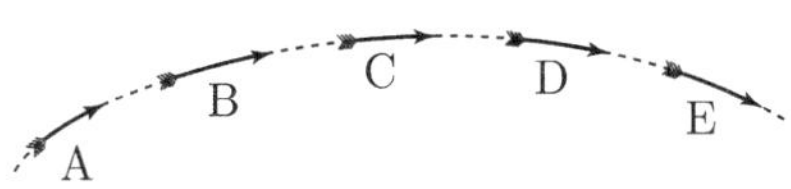

왜냐하면 화살이 A에 왔을 때, 그 위치에 순간적으로 정지하고 있다. B에 왔을 때도 마찬가지로 B에 순간적으로 정지하고 있다.

C, D, E, … 등 계속 그 위치에 순간적으로 정지하고 있으며, 시간은 이런 순간들의 연속이므로 결국 그 시간 동안 화살은 움직이는 것이 아니다.

④ 어느 일정 시간은 그 절반의 시간과 같다. 즉 $2t = t$이다.

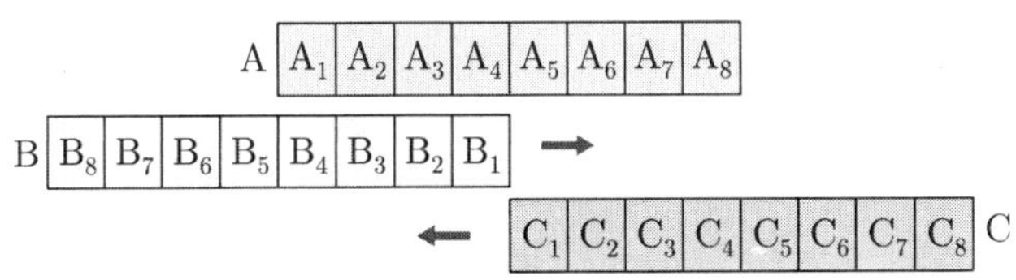

[그림 1]

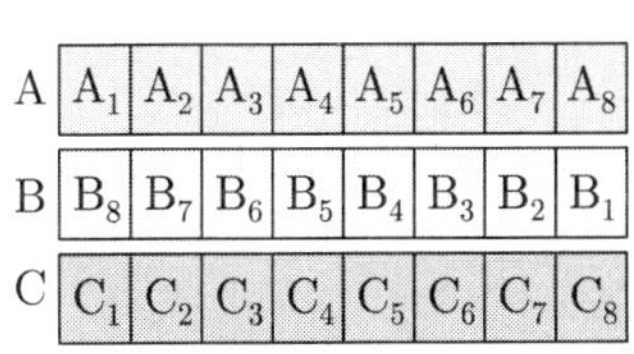

[그림 2]

그림 1처럼 세 물체가 있다. A는 정지해 있고, B와 C는 화살표 방향으로 같은 속도로 움직여 어느 시각에는 세 물체가 그림 2처럼 될 것이다.

이때, B_1은 A_5, A_6, A_7, A_8의 4칸을 지나야 하고, 동시에 B_1은 C_1에서 C_8까지 8칸을 지나가야 한다. 그러므로 B_1이 C를 지날 때 소요되는 시간은 A를 지날 때의 두 배가 되어야 한다. 그러나 B와 C는 동일한 시간에 그림 2의 위치에 도달한다. 따라서 일정 시간이라는 것은 그 두 배와 같다.

(2) 제논의 역설의 수학적인 표현

거북이와 아킬레스의 경주를 테마로 한 제논의 역설을 수학적으로 나타내면 다음과 같다.

다음 그림에서, 거북이의 출발점을 $(0,\ a)$, a를 지나고 t축에 평행인 직선과 $\overline{OB}$의 교점 P_1의 좌표를 $(t_1,\ x_1)$으로 하면,

$$t_1 = \overline{OT_1},\ x_1 = a$$

이고, t_1은 아킬레스가 거북이의 출발점까지 왔을 때의 시간을 나타낸다.

t_1에 대한 $\overline{AB}$ 위의 점을 $Q_1(t_1,\ x_1{}')$으로 하면

$$x_1{}' > x_1$$

즉, 거북이는 아킬레스 앞에 있다. 다음에 아킬레스가 Q_1과 같은 위치 P_2까지 왔을 때의 거북이의 위치는 Q_2이고, P_2의 위쪽에 있다.

이런 식으로 나아가다 보면 Q_i가 A와 B 사이에 있는 한 Q_i를 지나는 t축에 평행인 직선은 O와 B 사이의 점 P_{i+1}에서 직선 OB와 만나게 되고, 따라서 다

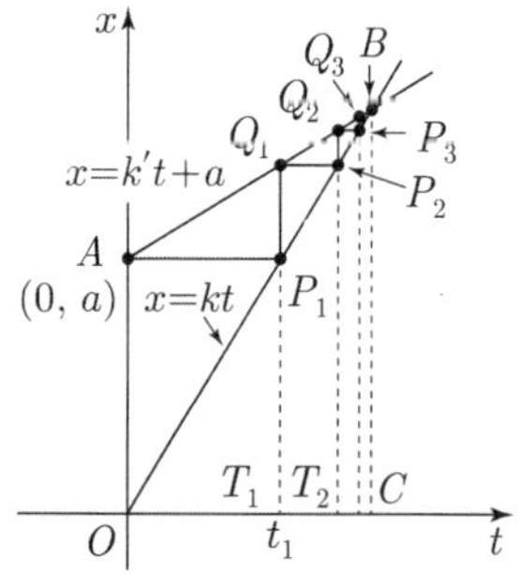

음 위치 Q_{i+1}은 P_{i+1}의 위쪽에 있게 된다. 즉, 거북이는 아킬레스 앞에 있다. 이것은 무한 과정이다. 지금 P_n, Q_n에 대한 t를 t_n이라 한다면

$$\overline{P_nQ_n} > 0,\ t_n = \frac{a}{k-k'}$$

$$\overline{P_nQ_n} = k't_n + a - kt_n = a - (k-k')t_n$$

또,

$$k't_{n-1} + a = kt_n$$

$$\therefore\ \overline{P_{n-1}Q_{n-1}} = k't_{n-1} + a - kt_{n-1} = kt_n - kt_{n-1} = k(t_n - t_{n-1})$$

$$\overline{P_nQ_n} = k't_n + a - kt_n = k't_n + a - (k't_{n-1} + a) = k'(t_n - t_{n-1})$$

$$\therefore\ \frac{\overline{P_nQ_n}}{\overline{P_{n-1}Q_{n-1}}} = \frac{k'}{k} < 1\ (n \geq 1,\ \overline{P_0Q_0} = a)$$

수열 $\{\overline{P_nQ_n}\}$은 첫째항 a, 공비 $\frac{k'}{k}$인 무한등비수열을 이룬다.

$$\overline{P_nQ_n} = a\left(\frac{k'}{k}\right)^n > 0$$

따라서 $\overline{P_nQ_n} = a - (k-k')t_n$으로부터

$$(k-k')t_n = a - a\left(\frac{k'}{k}\right)^n = a\left\{1 - \left(\frac{k'}{k}\right)^n\right\}$$

$$\therefore\ t_n = \frac{a}{k-k'}\left\{1 - \left(\frac{k'}{k}\right)^n\right\} < \frac{a}{k-k'}$$

그런데 n이 증가하면 $\left(\frac{k'}{k}\right)^n$은 점차 감소하고, 0에 한없이 접근한다. 그러므로 아킬레스가 거북이를 따라잡는 시간 t_n은 $\frac{a}{k-k'}$에 한없이 가까워진다. 또한 t_n은 아무리 커져도 $t_n < \frac{a}{k-k'}$이고, 이때 Q_n은 항상 P_n의 위쪽에 있다. 바꿔 말하면 '아킬레스가 거북이를 따라잡기 전에는 거북이는 항상 아킬레스 앞에 있다'라 할 수 있다.

이렇게 따지면, 이 문제는 역설이기는 커녕 너무도 당연한 이야기가 된다. 아킬레스가 거북이를 따라잡을 수 없다는 것은 영원한 일이 아니고, 일정 시간인

$\frac{a}{k-k'}$ 동안뿐인 것이다.

거북이가 아킬레스 앞에 위치하게 되는 수(점)가 무한이라는 데에 문제가 있는 것이지만, 각 위치에 있을 때의 거북이와 아킬레스 사이의 거리 $\overline{P_nQ_n}$은 등비수열로 단축되고, 그 사이를 달리는 시간도 축소되어 총 시간 t_n은 한정되어 있다. 시간과 거리가 일대일로 대응하는 것은 직선 위에 한 점을 정하는 것을 뜻한다. 그런데 아무리 짧은 선분 위에도 점은 무수히 많기 때문에 $\frac{a}{k-k'}$ 시간 내의 운동에서 무수히 많은 위치(점)를 취할 수 있다고 하여도 조금도 이상한 일은 아니다. 일대일 대응이라는 극히 자연스러운 가정이 이끈 운동의 분할이었지만, 결과적으로 모순을 빚은 것은 요컨대 '무한' 때문이라는 것이 제논의 주장이었다.

문제

우리는 앞에서 네 가지 제논의 역설에 대해서 살펴보았다. 그 중 거북이와 아킬레스가 등장하는 제논의 역설 ②에 대해 생각해 보자. 이 역설에서 아킬레스와 거북이의 속력이 각각 초속 20m와 1m라고 가정한다. 이때, 거북이가 아킬레스의 200m 앞에서 출발한다고 하면 아킬레스가 거북이를 따라잡는 데 걸리는 시간은 얼마인지 구하여라.

제5장

미분법

5.1 미분계수와 도함수

이 절에서는 미분계수의 정의와 의미, 접선의 기울기 및 도함수의 의미 등에 관해 알아보자.

정리 5.1.1

함수 f의 독립변수 x가 f의 정의역에 속하는 한 점 a에서 다른 점 $a+h$로 변할 때, x값의 변화량 h를 a에서의 **x의 증분**이라 하고 Δx로 나타내며, 이에 대응하는 종속변수 y의 변화량 $f(a+h)-f(a)$를 a에서 x의 증분 $\Delta x = h$에 대응하는 **y의 증분** 또는 **함수 f의 증분**이라 하고

$$\Delta y = f(a+h)-f(a)$$

로 나타낸다. $\dfrac{\Delta y}{\Delta x}$를 함수 f의 **평균변화율**이라 한다.

[그림 5.1.1]에서 평균변화율 $\dfrac{\Delta y}{\Delta x}$는 함수 f의 그래프 위의 두 점 $P(a,\ f(a))$, $Q(a+h,\ f(a+h))$를 잇는 직선의 기울기이다.

이제 Δx가 0에 한없이 접근할 때 평균변화율 $\dfrac{\Delta y}{\Delta x}$의 극한값을 생각하여보자. Δx가 0으로 가까이 가면 점 Q는 곡선을 따라 점 P에 가까워지므로 직선 PQ는 점 P에서의 곡선에 대한 접선 PR에 접근한다. 따라서 극한값

$$\lim_{\Delta x \to 0} \frac{\Delta y}{\Delta x} = \lim_{h \to 0} \frac{f(a+h)-f(a)}{h}$$

가 존재하면 이 값은 곡선 $y=f(x)$ 위의 점 P에서의 접선의 기울기가 된다.

$f'(a) = \displaystyle\lim_{\Delta x \to 0} \frac{f(a+\Delta x)-f(a)}{\Delta x}$는 $x=a$에서의 **미분계수** 또는 **순간변화율**이라고 한다.

$x=a$에서 미분계수가 존재할 때 $x=a$에서 **미분가능**이라고 한다.

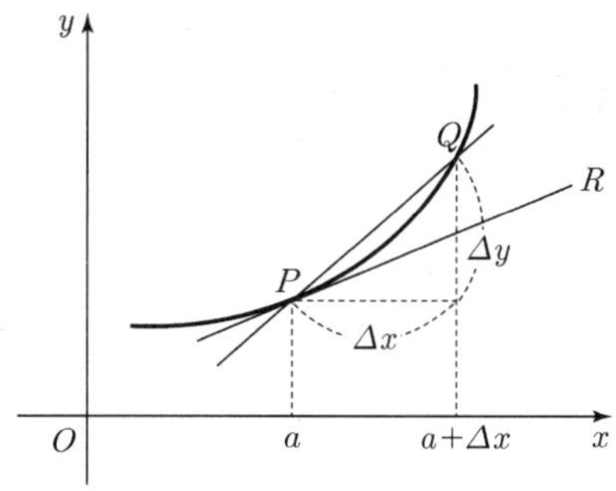

[그림 5.1.1]

정의 5.1.1

함수 $f(x)$에서 $\lim_{h \to a^+} \frac{f(a+h)-f(a)}{h}$가 존재하면 이 값을 f의 a에서의 **우미분계수**라고 한다.

그리고 $\lim_{h \to a^-} \frac{f(a+h)-f(a)}{h}$가 존재하면 이 값은 **좌미분계수**라고 한다.

참고‖ 좌미분계수와 우미분계수가 같으면 미분가능이라고 한다.

예제 5.1.1 $f(x)=\frac{1}{\sqrt{x}}$에 대하여 $f'(3)$을 구하여라.

풀이
$$f'(3)=\lim_{\Delta x \to 0} \frac{\frac{1}{\sqrt{3+\Delta x}}-\frac{1}{\sqrt{3}}}{\Delta x}$$
$$=\lim_{\Delta x \to 0} \frac{-1}{\sqrt{3}\sqrt{3+\Delta x}(\sqrt{3}+\sqrt{3+\Delta x})}=-\frac{1}{6\sqrt{3}}$$ □

참고‖ $f'(a)=\lim_{x \to a} \frac{f(x)-f(a)}{x-a}$라고도 쓸 수 있다.

예제 5.1.2 함수 $f(x)=x^2$에 대하여 $f'(2)$를 구하여라.

풀이

$$f'(2)=\lim_{h\to 0}\frac{f(2+h)-f(2)}{h}=\lim_{h\to 0}\frac{(2+h)^2-2^2}{h}=\lim_{h\to 0}\frac{4h+h^2}{h}$$
$$=\lim_{h\to 0}(4+h)=4$$
□

정의 5.1.2

함수 $y=f(x)$가 주어졌을 때, 정의역에 속하는 임의의 점 x에 대하여 구간 x와 $x+\Delta x$ 사이에서 x에 대한 $f(x)$의 (혹은 y의) 평균변화율

$$\frac{\Delta y}{\Delta x}=\frac{f(x+\Delta x)-f(x)}{\Delta x} \quad \cdots (1)$$

가 증분 Δx가 0에 접근할 때 식 (1)이 하나의 극한값에 접근하면 그 극한값을 x의 그 값에서의 x에 관한 $y=f(x)$의 **도함수**라 하고 $f'(x)$ 혹은 $\frac{df(x)}{dx}$, $\frac{dy}{dx}$로 나타낸다. 즉

$$f'(x)=\lim_{\Delta x\to 0}\frac{f(x+\Delta x)-f(x)}{\Delta x}$$

이다.

예제 5.1.3 함수 $f(x)=\frac{1}{x}$의 도함수를 정의에 의해 구하여라.

풀이

$$f'(x)=\lim_{h\to 0}\frac{f(x+h)-f(x)}{h}=\lim_{h\to 0}\frac{\frac{1}{x+h}-\frac{1}{x}}{h}$$
$$=\lim_{h\to 0}\frac{-1}{x(x+h)}=-\frac{1}{x^2}$$
□

예제 5.1.4 함수 $f(x)=\sqrt{x}$의 도함수를 정의에 의해 구하여라.

풀이 $f'(x) = \lim_{h \to 0} \frac{f(x+h) - f(x)}{h} = \lim_{h \to 0} \frac{\sqrt{x+h} - \sqrt{x}}{h}$

$$= \lim_{h \to 0} \frac{(x+h) - x}{h(\sqrt{x+h} + \sqrt{x})} = \lim_{h \to 0} \frac{1}{\sqrt{x+h} + \sqrt{x}}$$

$$= \frac{1}{2\sqrt{x}}$$

□

정리 5.1.2

$f'(a)$가 존재하면 함수 $f(x)$는 $x = a$에서 연속이다.
(그러나 역은 성립하지 않는다.)

예제 5.1.5 함수 $f(x) = |x|$는 $x = 0$에서 연속이지만 미분가능하지 않음을 보여라.

풀이 $\lim_{x \to 0} f(x) = \lim_{x \to 0} |x| = 0 = f(0)$이므로 $f(x)$는 $x = 0$에서 연속이다.

그러나

$$\lim_{h \to 0^+} \frac{|0+h| - |0|}{h} = \lim_{h \to 0^+} \frac{|h|}{h} = 1,$$

$$\lim_{h \to 0^-} \frac{|0+h| - |0|}{h} = \lim_{h \to 0^-} \frac{|h|}{h} = -1$$

이므로 $f(x)$는 $x = 0$에서 미분가능하지 않다. □

미분계수의 기하학적 의미에 대해 살펴보기로 하자.

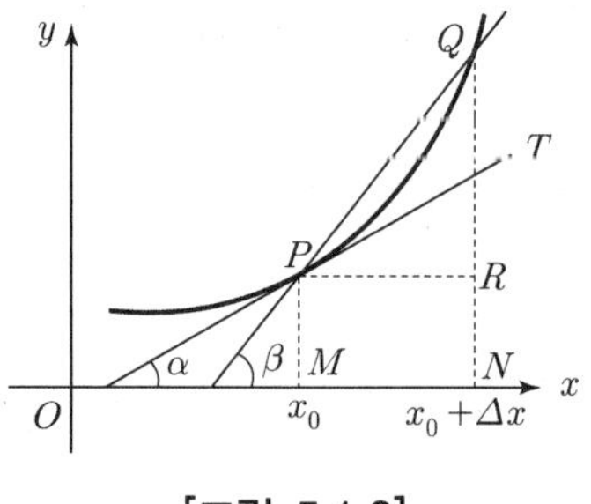

[그림 5.1.2]

[그림 5.1.2]에서와 같이 연속함수 $y=f(x)$ 위의 두 점 P, Q를 택하여 이 두 점의 x좌표를 각각 x_0, $x_0+\Delta x$라 하면, y좌표는 각각 $f(x_0)$, $f(x_0+\Delta x)$가 된다. P, Q에서 x축에 수선을 내려 그 발을 M, N이라 하고, P에서 x축에 평행선을 그어 NQ와의 교점을 R이라 하면 다음이 성립한다.

$$\Delta y = f(x_0+\Delta x) - f(x_0) = QN - RN = QR,$$
$$\Delta x = MN = PR$$

직선 PQ가 x축과 만나는 양의 각을 β라 하면

$$\frac{\Delta y}{\Delta x} = \frac{QR}{RP} = \tan\beta$$

이다. 여기서 $\Delta x \to 0$이면 $Q \to P$가 되어 직선 PQ는 점 P에서의 접선에 한없이 접근하여, P에서의 접선이 x축과 이루는 각을 α라 하면

$$\lim_{\Delta x \to 0} \frac{\Delta y}{\Delta x} = \tan\alpha$$

이다. 따라서 미분계수 $f'(x_0)$는 $x=x_0$에서의 접선의 기울기를 나타낸다. 그러므로 $f'(x)$는 곡선상의 각 점에서의 기울기이다. 따라서 $y=f(x)$의 $x=x_0$에서의 접선의 방정식은

$$y - f(x_0) = f'(x_0)(x - x_0)$$

임을 알 수 있다.

예제 5.1.6 곡선 $y=\sqrt{x}$ 위의 점 $(9,\ 3)$에서의 접선의 방정식을 구하여라.

풀이 예제 5.1.4에서 $y' = \dfrac{1}{2\sqrt{x}}$이므로, 점 $(9,\ 3)$에서의 접선의 방정식은 다음과 같다.

$$y-3 = \frac{1}{6}(x-9), \quad \text{즉} \quad y = \frac{1}{6}x + \frac{3}{2}$$ □

연·습·문·제 5.1

EXERCISES

1. 도함수 정의를 써서 다음 함수의 도함수를 구하여라.

   (1) $f(x)=\sqrt{2x-1}$ (2) $f(x)=x^3+1$

   (3) $f(x)=\dfrac{1}{2x}$

2. 다음 각 곡선 위의 주어진 점에서의 접선의 방정식을 구하여라.

   (1) $y=-x^3$, $(-1,\ 1)$ (2) $y=\dfrac{1}{x}$, $\left(2,\ \dfrac{1}{2}\right)$

3. 다음 각 곡선 위의 주어진 점에서의 법선의 방정식을 구하여라.

   (1) $y=-x^3$, $(-1,\ 1)$ (2) $y=\dfrac{1}{x}$, $\left(2,\ \dfrac{1}{2}\right)$

5.2 미분법

미분의 정의로부터 다음 미분공식을 쉽게 증명할 수 있다. 여기서는 구체적인 증명은 생략하기로 하자.

정리 5.2.1

1. $\dfrac{d}{dx}(x^n) = nx^{n-1}$ (단, n은 양의 정수)

2. $f(x)$, $g(x)$가 미분가능하면, 상수 c에 대하여 다음 식이 성립한다.

   (1) $\dfrac{d}{dx}(c) = 0$

   (2) $\dfrac{d}{dx}\{cf(x)\} = cf'(x)$

   (3) $\dfrac{d}{dx}\{f(x) \pm g(x)\} = f'(x) \pm g'(x)$

   (4) $\dfrac{d}{dx}\{f(x)g(x)\} = f'(x)g(x) + f(x)g'(x)$

   (5) $\dfrac{d}{dx}\left\{\dfrac{f(x)}{g(x)}\right\} = \dfrac{f'(x)g(x) - f(x)g'(x)}{\{g(x)\}^2}$ (단, $g(x) \neq 0$)

3. **(합성함수 미분법)** $y = f(x)$, $z = g(y)$가 미분가능하면, $z = (g \circ f)(x)$도 미분가능하고 다음 식이 성립한다.

$$\frac{dz}{dx} = \frac{dz}{dy}\frac{dy}{dx}$$

4. **(역함수 미분법)** $y = f(x)$가 구간 $[a, b]$에서 미분가능한 함수이고 $x = g(y)$가 그 역함수이면, 다음 식이 성립한다.

$$g'(y) = \frac{1}{f'(x)}, \quad \text{즉} \quad \frac{dx}{dy} = 1 \bigg/ \frac{dy}{dx}$$

5. **(매개변수함수 미분법)** $x = f(t)$, $y = g(t)$가 각각 미분가능하고 $f'(t) \neq 0$이면

$$\frac{dy}{dx} = \frac{g'(t)}{f'(t)} = \frac{dy}{dt} \bigg/ \frac{dx}{dt}$$

이다.

예제 5.2.1 다음 각 함수의 도함수를 구하여라.

(1) $y = x^{100}$ (2) $y = 3x^5 - x^3 + 7x$

(3) $y = (x^3 - x^2 + 1)(x^2 - 1)$ (4) $y = \dfrac{x^3}{x-1}$

풀이 (1) $y' = 100x^{99}$

(2) $y' = 15x^4 - 3x^2 + 7$

(3) $y' = (x^3 - x^2 + 1)'(x^2 - 1) + (x^3 - x^2 + 1)(x^2 - 1)'$

$= (3x^2 - 2x)(x^2 - 1) + (x^3 - x^2 + 1)(2x)$

$= 5x^4 - 4x^3 - 3x^2 + 4x$

(4) $y' = \dfrac{(x^3)'(x-1) - x^3(x-1)'}{(x-1)^2} = \dfrac{3x^2(x-1) - x^3}{(x-1)^2} = \dfrac{2x^3 - 3x^2}{(x-1)^2}$

□

문제 5.2.1

다음 각 함수의 도함수를 구하여라.

(1) $y = x^6$ (2) $y = 3x^5 - 7x^2 + 1$

(3) $y = (x^2 + x)(x^3 + x + 1)$ (4) $y = \dfrac{x}{x^2 - 1}$

$y = x^n$ (n은 음의 정수)일 때 $y' = nx^{n-1}$임을 구해보자.

$m = -m$ $(m > 0)$이라고 두면, $y = x^n = \dfrac{1}{x^m}$이므로 정리 5.2.1의 2(5)에 의하여

$$y' = \frac{-mx^{m-1}}{(x^m)^2} = -mx^{-m-1} = nx^{n-1}.$$

예제 5.2.2 $y = \dfrac{1}{x^3}$의 도함수를 구하여라.

풀이 $y = \dfrac{1}{x^3} = x^{-3}$이므로 $y' = -3x^{-4} = \dfrac{-3}{x^4}$이다. □

예제 5.2.3 $y=(x^2+x-1)^4$을 미분하여라.

풀이 $u=x^2+x-1$이라고 두자. $y=u^4$이므로

$$\frac{dy}{dx}=\frac{dy}{du}\cdot\frac{du}{dx}=4u^3\cdot(2x+1)=4(x^2+x-1)^3(2x+1). \quad \square$$

$y=x^r$ ($r\neq 0$, 유리수)이면 $y'=rx^{r-1}$임을 구해보자.

(1) $r>0$일 때, $r=\frac{q}{p}$ (p, q는 양의 정수)라고 두면 $y=x^r=x^{\frac{q}{p}}$이다. $y^p=x^q$의 양변을 x에 관하여 미분하면

$$\frac{d}{dy}(y^p)\frac{dy}{dx}=\frac{d}{dx}(x^q),\quad py^{p-1}\frac{dy}{dx}=qx^{q-1}.$$

$$\therefore\ \frac{dy}{dx}=\frac{q}{p}\ \frac{x^{q-1}}{y^{p-1}}=\frac{q}{p}x^{\frac{q}{p}-1}=rx^{r-1}$$

(2) $r<0$일 때, $r=-s$ (s는 양의 유리수)

$$y=x^r=x^{-s}$$
$$y'=-sx^{-s-1}=rx^{r-1}$$

예제 5.2.4 다음 함수의 도함수를 구하여라.

(1) $y=\sqrt[3]{x}$　　(2) $y=\sqrt[5]{x^2}$

(3) $y=\sqrt{x^2-1}$　　(4) $y=\frac{1}{\sqrt{x}}$

풀이 (1) $y'=\left(x^{\frac{1}{3}}\right)'=\frac{1}{3}x^{-\frac{2}{3}}=\frac{1}{3\sqrt[3]{x^2}}$

(2) $y'=(\sqrt[5]{x^2})'=\left(x^{\frac{2}{5}}\right)'=\frac{2}{5}x^{\frac{-3}{5}}=\frac{2}{5\sqrt[5]{x^3}}$

(3) $y'=\left((x^2-1)^{\frac{1}{2}}\right)'=\frac{1}{2}(x^2-1)^{-\frac{1}{2}}(2x)=\frac{x}{\sqrt{x^2-1}}$

(4) $y'=\left(x^{-\frac{1}{2}}\right)'=-\frac{1}{2}x^{-\frac{3}{2}}=-\frac{1}{2x\sqrt{x}}$ $\square$

예제 5.2.5 $x=\sqrt{y^3+1}$일 때 $\frac{dy}{dx}$를 구하여라.

풀이 $\frac{dx}{dy}=\frac{3y^2}{2\sqrt{y^3+1}}, \quad \frac{dy}{dx}=\frac{1}{dx/dy}=\frac{2\sqrt{y^3+1}}{3y^2} \ (y\neq 0)$ □

예제 5.2.6 $x=t^2+1,\ y=t^3-3t^2+1$일 때 $\frac{dy}{dx}$를 구하여라.

풀이 $\frac{dx}{dt}=2t,\ \frac{dy}{dt}=3t^2-6t$

$$\frac{dy}{dx}=\frac{dy}{dt}\Big/\frac{dx}{dt}=\frac{3t^2-6t}{2t}=\frac{3t-6}{2}$$ □

문제 5.2.2

다음 함수의 y'을 구하여라.

(1) $y=\frac{1}{\sqrt[3]{x}}$

(2) $y=(x^2-1)^7$

(3) $y=y^3+y^2-1$

(4) $\begin{cases} x=t^2+1 \\ y=t^3+t-1 \end{cases}$

$f(x,\ y)=0$ 꼴로 표현되는 방정식을 **음함수**라고 한다. 음함수의 미분법에 대하여 알아본다.

예제 5.2.7 $x^2+y^2=a^2$ (a는 상수)일 때 $\frac{dy}{dx}$를 구하여라.

풀이 양변을 x에 관하여 미분하면

$$2x+2y\cdot\frac{dy}{dx}=0.$$

$$\therefore\ \frac{dy}{dx}=-\frac{x}{y}\ (y\neq 0)$$ □

문제 5.2.3

다음 음함수 미분을 하여라.

(1) $xy = x^2 - y$　　　(2) $\sqrt{x} + \sqrt{y} = 2$

초월함수의 미분법에 대하여 알아보자.

정리 5.2.2

(1) $\dfrac{d}{dx}(\sin x) = \cos x$　　　(2) $\dfrac{d}{dx}(\cos x) = -\sin x$

(3) $\dfrac{d}{dx}(\tan x) = \sec^2 x$　　　(4) $\dfrac{d}{dx}(\cot x) = -\operatorname{cosec}^2 x$

(5) $\dfrac{d}{dx}(\sec x) = \sec x \cdot \tan x$

(6) $\dfrac{d}{dx}(\operatorname{cosec} x) = -\operatorname{cosec} x \cdot \cot x$

예제 5.2.8 다음을 미분하여라.

(1) $y = \sin 3x$　　　(2) $y = \cos^2 x$

(3) $y = \sin^4(x^2+1)$　　　(4) $y = \tan(\sin x)$

풀이 (1) $y' = \cos 3x \cdot (3x)' = 3\cos 3x$

(2) $y' = 2\cos x(\cos x)' = -2\sin x \cos x$

(3) $y' = 4\sin^3(x^2+1)\{\sin(x^2+1)\}'$

$= 4\sin^3(x^2+1) \cdot \cos(x^2+1) \cdot 2x$

$= 8x \cdot \sin^3(x^2+1) \cdot \cos(x^2+1)$

(4) $y' = \sec^2(\sin x) \cdot \cos x$ □

문제 5.2.4

다음을 미분하여라.

(1) $y = \tan(2x-1)$　　　(2) $y = \cos^2(2x+1)$

(3) $y = \sec(3x)$ (4) $y = \sin(\cos x)$

예제 5.2.9 $\sin x + \cos y = xy$일 때 $\frac{dy}{dx}$를 구하여라.

풀이 양변을 x에 관하여 미분하면

$$\cos x - \sin y \cdot \frac{dy}{dx} = y + x\frac{dy}{dx}.$$

$$\therefore \frac{dy}{dx} = \frac{\cos x - y}{x + \sin y}$$ □

역삼각함수의 미분은 정리를 통하여 간단히 소개한다.

정리 5.2.3

(1) $\frac{d}{dx}(\sin^{-1}x) = \frac{1}{\sqrt{1-x^2}}$

(2) $\frac{d}{dx}(\cos^{-1}x) = \frac{-1}{\sqrt{1-x^2}}$

(3) $\frac{d}{dx}(\tan^{-1}x) = \frac{1}{1+x^2}$

예제 5.2.10 $y = \sin^{-1}2x$에서 y'을 구하여라.

풀이 $y' = \frac{1}{\sqrt{1-(2x)^2}}(2x)' = \frac{2}{\sqrt{1-4x^2}}$ □

문제 5.2.5

(1) $y = \cos^{-1}(x^2 + x)$일 때 y'을 구하여라.

(2) $y = \tan^{-1}(3x)$일 때 y'을 구하여라.

지수함수와 로그함수의 미분법을 소개한다.

정리 5.2.4

(1) $\dfrac{d}{dx}(\log_a x) = \dfrac{1}{x}\log_a e$ (2) $\dfrac{d}{dx}(\ln x) = \dfrac{1}{x}$

예제 5.2.11 다음을 미분하여라.

(1) $y = \log(2x+1)$ (2) $y = \ln(\sin x)$

풀이 (1) $y' = \dfrac{1}{2x+1}\log e \cdot (2x+1)' = \dfrac{2}{2x+1}\log e$

(2) $y' = \dfrac{1}{\sin x} \cdot (\sin x)' = \dfrac{\cos x}{\sin x} = \cot x$ □

문제 5.2.6

다음을 미분하여라.

(1) $y = \ln(\ln x)$ (2) $y = \log_2(x^2+x)$

(3) $y = \ln\dfrac{2x}{x^2-x}$

정리 5.2.5

$$\lim_{x\to 0}\frac{e^x-1}{x} = 1$$

증명 증명은 연습문제로 남겨둔다.

정리 5.2.6

(1) $\dfrac{d}{dx}(e^x) = e^x$ (2) $\dfrac{d}{dx}(a^x) = a^x \ln a$

예제 5.2.12 다음을 미분하여라.

(1) $y=e^{x^2+x}$ (2) $y=e^{2x}\cdot\sin x$ (3) $y=2^x$

풀이 (1) $y'=e^{x^2+x}(x^2+x)'=e^{x^2+x}\cdot(2x+1)$

(2) $y'=2e^{2x}\cdot\sin x+e^{2x}\cdot\cos x$

(3) $y'=2^x\ln 2$ □

문제 5.2.5

다음을 미분하여라.

(1) $y=a^{2x+1}$ (2) $y=e^{\sin x}$

(3) $y=3^{2x}\cdot\ln(\sin x)$

연·습·문·제 5.2

EXERCISES

1. 다음 함수를 미분하여라.

(1) $y=(1+x)^9$ (2) $y=\dfrac{1+x}{1-x}$

(3) $y=\dfrac{1}{x\sqrt{x}}$ (4) $y=(x-1)(x^3-x^2+1)$

(5) $y=\left(\dfrac{1-\sqrt{x}}{1+\sqrt{x}}\right)^2$ (6) $y=x\sqrt{x}-\dfrac{1}{x}$

2. $y=\dfrac{1}{1-t}$, $t=\dfrac{1}{1+x}$일 때 $\dfrac{dy}{dx}$를 구하여라.

3. 다음의 각 음함수에서 $\dfrac{dy}{dx}$를 구하여라.

(1) $x^2-3xy+y^2=0$ (2) $x^2y^3-1=0$

(3) $(x^2-y)^2=y^3$ (4) $\dfrac{1}{x}-\dfrac{1}{y}=y$

4. 역함수 미분법으로 다음 함수의 도함수를 구하여라.

(1) $x=y^3+2y-1$ (2) $y=\sqrt[3]{2x+1}$

5. 다음 함수를 미분하여라.

(1) $y=\sin^{-1}(\ln x)$ (2) $y=e^{\cos 3x}$

(3) $y=x^{\sqrt{x}}$ (4) $y=3^{x+1}$

(5) $y=\tan x\cdot e^x$ (6) $y=\cot(e^x)$

6. 다음 음함수에서 $\dfrac{dy}{dx}$를 구하여라.

(1) $e^{x+y}-e^{xy}+4=0$

(2) $\sin(x+y)-\cos xy=0$

7. 정리 5.2.5를 증명하여라.

5.3 고계도함수

함수 $y=f(x)$가 미분가능하면, 그의 도함수 $f'(x)$는 또 다른 하나의 함수가 된다. 이때 $f'(x)$가 다시 미분가능하면 $f'(x)$의 도함수 $\frac{d}{dx}f'(x)$를 얻을 수 있으며, 이것은 $y=f(x)$를 연속적으로 두 번 반복하여 미분한 결과로 이것을 **2계도함수**(second derivative)라 하고, 다음과 같이 나타낸다.

$$y'',\ f''(x),\ \frac{d^2y}{dx^2},\ \frac{d^2f}{dx^2},\ \frac{d^2}{dx^2}f(x),\ D_x^2 f(x)$$

또한 2계도함수 $f''(x)$가 미분가능할 때, 이 함수의 도함수를 $f(x)$의 **3계도함수**라 하고,

$$y''',\ f'''(x),\ \frac{d^3y}{dx^3},\ \frac{d^3f}{dx^3},\ \frac{d^3}{dx^3}f(x),\ D_x^3 f(x)$$

로 나타낸다. 일반적으로 함수 $y=f(x)$를 연속적으로 n번 미분하여 얻은 함수를 $f(x)$의 n계도함수라 하고, $n\geq 4$인 경우에

$$y^{(n)},\ f^{(n)}(x),\ \frac{d^ny}{dx^n},\ \frac{d^nf}{dx^n},\ \frac{d^n}{dx^n}f(x),\ D_x^n f(x)$$

로 나타낸다. 그리고 2계 이상의 도함수를 통칭 **고계도함수**(higher derivative)라 한다.

예제 5.3.1 다음 함수의 2계도함수를 구하여라.

(1) $f(x)=\sin x$ (2) $f(x)=e^{2x}$

풀이 (1) $y'=\frac{d}{dx}\sin x=\cos x$,

$$y''=\frac{d}{dx}\left(\frac{d}{dx}\sin x\right)=\frac{d}{dx}\cos x=-\sin x$$

(2) $y'=\frac{d}{dx}e^{2x}=2e^{2x}$, $y''=\frac{d}{dx}\left(\frac{d}{dx}e^{2x}\right)=\frac{d}{dx}(2e^{2x})=4e^{2x}$ □

예제 5.3.2 함수 $y = e^{ax} \sin bx \ (b \neq 0)$에 대하여 y'과 y''을 구하여라.

풀이 $y' = (e^{ax})' \sin bx + e^{ax} (\sin bx)' = ae^{ax} \sin bx + e^{ax} (b \cos bx)'$

$= e^{ax} (a \sin bx + b \cos bx)$,

$y'' = (e^{ax})' (a \sin bx + b \cos bx) + e^{ax} (a \sin bx + b \cos bx)'$

$= (ae^{ax})(a \sin bx + b \cos bx) + e^{ax} (ab \cos bx - b^2 \sin bx)$

$= e^{ax} [(a^2 \sin bx + ab \cos bx) + (ab \cos bx - b^2 \sin bx)]$

$= e^{ax} [(a^2 - b^2) \sin bx + 2ab \cos bx]$ □

문제 5.3.1

$y = \sin x$의 n계도함수를 구하여라.

연·습·문·제 5.3

EXERCISES

1. $y = \cos x$의 n계도함수를 구하여라.

2. $y = e^x \cdot x^2$의 3계도함수를 구하여라.

3. $y = \dfrac{1}{x}$의 n계도함수를 구하여라.

5.4 미분의 응용

평균값 정리는 미분가능인 곡선의 두 점을 잇는 선분에 나란한 곡선의 접선을 그을 수 있다는 것이다. 평균값 정리는 미분법에서 중요한 부분을 차지하고 있다. 미분계수의 부호와 연속함수에 대한 최대 최솟값의 정리를 이용하여 평균값의 정리의 특별한 경우인 Rolle 정리를 먼저 증명하고, 이를 일반화하여 평균값 정리를 증명할 수 있다.

〈Rolle 정리〉

함수 $f(x)$가 구간 $[a,b]$에서 연속이고 구간 (a,b)에서 미분가능일 때, $f(a)=f(b)$이면

$$f'(c)=0$$

인 c가 구간 (a,b)에 존재한다.

(증명) 구간 (a,b)의 임의의 점 x_0에서 $f(x_0)\neq 0$라고 하자. 이 때, $a<x<b$, $x\neq x_0$인 임의의 x에 대하여

$$f'(x_0)=\frac{f(x)-f(x_0)}{x-x_0}+\epsilon$$

이라 두면 $\lim_{\epsilon\to 0}\epsilon=0$이므로 x가 x_0와 충분히 가까워지면 $f'(x_0)$와 $\dfrac{f(x)-f(x_0)}{x-x_0}$는 같은 부호를 가진다. 그러므로 $f(x_0)$가 최댓값과 최솟값을 가질 수 없다. 여기서, $f(x)$는 구간 $[a,b]$에서 연속이므로 이 구간에서 최댓값과 최솟값을 가져야 한다. $f(a)=f(b)$이므로 $f(x)$는 상수함수이어야 한다. 이것은 (a,b)의 임의의 점 x_0에서 $f'(x_0)\neq 0$라는 가정에 모순이다.

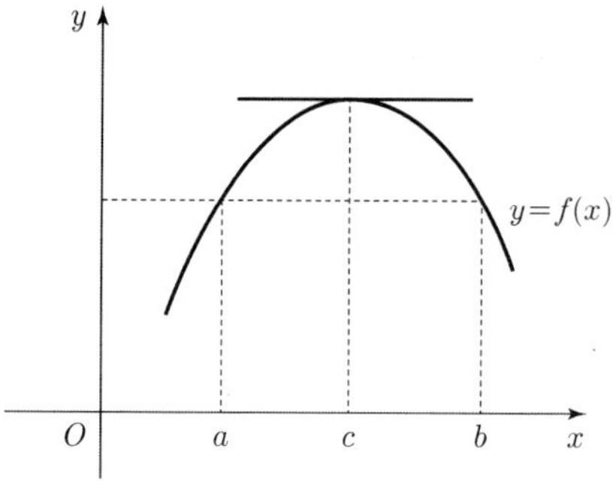

□

〈평균값 정리〉

함수 $f(x)$가 구간 $[a, b]$에서 연속이고 구간 (a, b)에서 미분가능이면

$$f'(c)=\frac{f(b)-f(a)}{b-a}$$

인 c가 구간 (a, b)에 존재한다.

(증명) $\dfrac{f(b)-f(a)}{b-a}=k$라 두자.

$$y=k(x-a)+f(a)$$

는 곡선 $y=f(x)$ 위의 두 점 $A(a, f(a))$, $B(b, f(b))$를 지나는 직선을 나타낸다. Rolle 정리를 사용하기 위하여

$$g(x)=f(x)-k(x-a)-f(a)$$

라 두면, 함수 $g(x)$는 구간 $[a, b]$에서 연속이고, 구간 (a, b)에서 미분가능이며

$$g'(x)=f'(x)-k$$

이다. 또한, $g(a)=g(b)=0$이므로, Rolle 정리에 의하여 $g'(c)=0$가 되는 점 c가 구간 (a, b)에 존재한다. 즉

$$f'(c)=\frac{f(b)-f(a)}{b-a}$$

인 점 c가 구간 (a, b)에 존재한다.

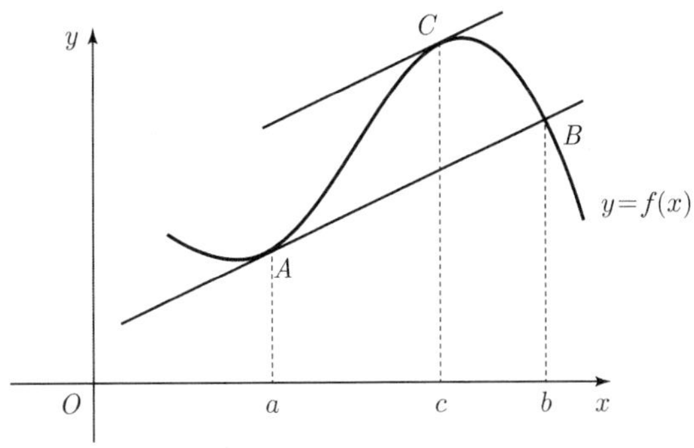

□

예제 5.4.1 $f(x) = e^x$에 대하여, 구간 $[0, 1]$에서 평균값 정리를 설명하여라.

풀이 $f(x) = e^x$는 $[0, 1]$에서 연속이고, $(0, 1)$에서 미분가능이다. 그리고 $f'(x) = e^x$이므로 평균값 정리는

$$f'(c) = e^c = \frac{e^1 - e^0}{1 - 0}, \text{ 즉 } e^c = e - 1$$

인 c가 구간 $(0, 1)$에 존재한다.

$$\therefore c = \ln(e - 1)$$

□

문제 5.4.1

$f(x) = \sin x$에 대하여, 구간 $[0, 2\pi]$에서 평균값 정리를 설명하여라.

문제 5.4.2

(1) 평균값 정리를 이용하여, $x > 0$일 때 $0 < \ln\frac{e^x - 1}{x} < x$가 성립함을 보여라.

(2) 평균값 정리를 이용하여, $x > 0$일 때 $x + 1 > e^x$가 성립함을 보여라.

〈함수의 증가와 감소〉

함수 $f(x)$가 구간 I에서 미분가능일 때

(1) I에서 항상 $f'(x)>0$이면, $f(x)$는 I에서 증가한다.

(2) I에서 항상 $f'(x)<0$이면, $f(x)$는 I에서 감소한다.

예제 5.4.2 $f(x)=\dfrac{1}{3}x^3-3x^2+8x$의 증가와 감소를 조사하여라.

풀이 $f'(x)=x^2-6x+8=(x-2)(x-4)$이므로,

$x<2$	$2<x<4$	$x>4$
$f'(x)>0$	$f'(x)<0$	$f'(x)>0$
증가	감소	증가

이다.

$f(x)$는 $(-\infty,2)$, $(4,\infty)$에서 증가하고, $(2,4)$에서 감소한다. □

문제 5.4.3

$f(x)=\dfrac{\ln x}{x}$의 증가와 감소를 조사하여라.

정리 5.4.1

함수 $f(x)$가 $x=a$에서 미분가능하다고 하자.

(1) $f'(a)>0$이면, $f(x)$는 $x=a$에서 증가상태이고

(2) $f'(a)<0$이면, $f(x)$는 $x=a$에서 감소상태이다.

$f(x)=x^3$는 $x=0$에서 증가상태이나 $f'(x)=3x^2$이므로 $f'(0)=0$이다. 이는 정리 5.4.1의 역이 성립하지 않음을 보여준다.

〈함수의 극대와 극소〉

연속함수 $f(x)$가 $x=a$가 좌우에서 증가상태에서 감소상태로 바뀌면 $f(x)$는 $x=a$에서 극대가 되고, 반대로 $x=a$의 좌우에서 감소상태에서 증가상태로

바뀌면 $f(x)$는 $x=a$에서 극소가 된다.

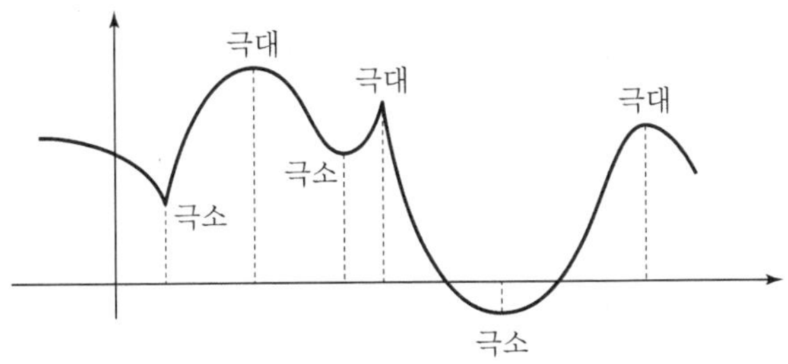

정리 5.4.2

함수 $f(x)$가 $x=a$에서 미분가능일 때, $f(x)$가 $x=a$에서 극대 또는 극소이면 $f'(a)=0$이다.

(증명) $f'(a)>0$이면 $f(x)$는 a를 포함하는 어떤 구간에서 단조증가이고, 또 $f'(a)<0$이면 $f(x)$는 a를 포함하는 어떤 구간에서 단조감소이다. 어느 경우이든 $x=a$에서 $f(x)$는 극값을 갖지 못한다. 그러므로 $f'(a)=0$이어야 한다.

예제 5.4.3 $f(x)=x^3-3x^2-9x+2$는 $x=0$에서 극값을 갖지 않음을 보여라.

풀이 $f'(x)=3x^2-6x-9$에서 $f'(0)=-9\neq 0$이므로 $f(x)$는 $x=0$에서 극값을 갖지 않는다. □

문제 5.4.4

다음 함수의 극값을 구하여라.

(1) $f(x)=2x^3-6x^2+4$

(2) $f(x)=\dfrac{x}{x^2+1}$

(3) $f(x)=xe^x$

예제 5.4.4 부피가 $8m^3$이고 밑면이 정사각형인 직육면체를 만들려고 한다. 직육면체의 겉넓이가 최소가 되도록 밑면의 한 변의 길이를 정하여라.

풀이 밑면의 한 변의 길이를 xm, 높이를 hm라 하면, 직육면체의 부피는 $hx^2 = 8$이므로 $h = \dfrac{8}{x^2}$이다. 여기서 직육면체의 겉넓이를 $f(x)$라 하면

$$f(x) = 4hx + 2x^2 = \frac{32}{x} + 2x^2$$

이고

$$f'(x) = \frac{4(x-2)(x^2+2x+4)}{x^2}$$

이다. 따라서 $x > 0$일 때, $f(x)$의 증가와 감소를 나타내면 다음과 같다.

x	$0 < x < 2$	2	$x > 2$
$f'(x)$	$-$	0	$+$
$f(x)$	↘	24	↗

그러므로 $x > 0$일 때, $f(x)$는 $x = 2$에서 최솟값 24를 갖는다. 즉, 구하려는 밑면의 한 변의 길이는 2m이다. □

문제 5.4.5

가로, 세로, 높이의 합이 12이고, 밑면이 정사각형인 직육면체를 만들려고 한다. 이때, 부피를 최대로 하려면 밑면의 한 변의 길이는 얼마로 해야 하는가?

연 · 습 · 문 · 제 5.4

EXERCISES

1. 함수 $f(x) = \dfrac{e^x + e^{-x}}{2}$에 대하여, 구간 $[-1, 1]$에서 평균값 정리를 설명하여라.

2. 다음 각 함수의 극값을 구하여라.
   (1) $f(x) = 3x^4 - 4x^3 - 12x^2 + 15$
   (2) $f(x) = x^2 e^x$

3. $f(x) = x^3 + kx^2 + kx + 1$이 극값을 갖지 않도록 k값의 범위를 구하여라.

4. 부피가 2π인 원기둥에서 겉넓이가 최소가 되는 밑면의 반지름의 길이와 높이를 구하여라.

생각해 보기

방정식의 근의 근삿값과 뉴턴의 근사근 공식

삼차방정식 $f(x)=0$은 적어도 하나의 실근을 가짐을 고등학교 때 배웠다.

삼차방정식의 근의 공식은 존재하나 우리가 흔하게 접할 수 없으므로, 인수분해를 이용하여 구해지지 않는 실근은 어떻게 구해야 할까? 그 때는 다음과 같이 접선의 근사를 이용하여 근삿값을 구할 수 있다.

구간 $[a, b]$에서 $f(a)f(b)<0$이고, 이 구간 안에 실근 α가 있다고 하고 근삿값을 구하여보자. (단, $f'(x)\neq 0,\ x\in(a, b)$)

곡선 $y=f(x)$ 위의 점 $(a, f(a))$에서의 접선의 방정식은

$$y-f(a)=f'(a)(x-a)$$

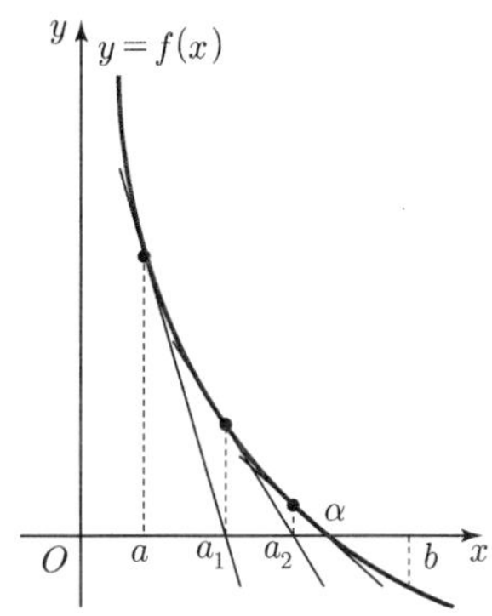

$f(a)>0,\ f(b)<0$인 경우

이다. 이 접선과 x축과의 교점을 a_1이라고 놓으면

$$a_1=a-\frac{f(a)}{f'(a)}$$

이다. 이 값을 α의 제1차 근삿값이라고 한다. 또 점 $(a_1, f(a_1))$에서의 접선의 방정식이

$$y-f(a_1)=f'(a_1)(x-a_1)$$

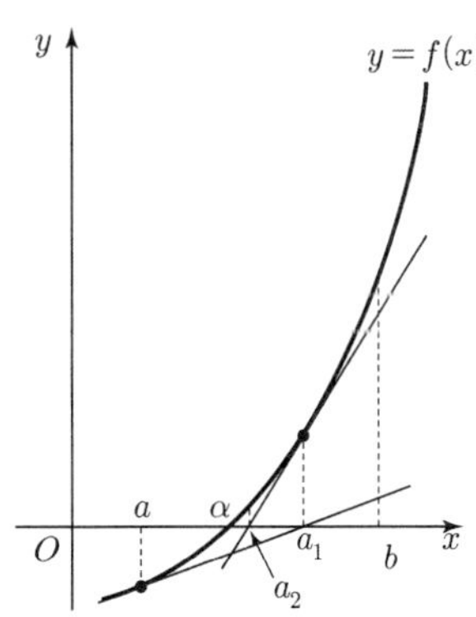

$f(a)<0,\ f(b)>0$인 경우

이므로 이 접선과 x축과의 교점을 a_2라 하면

$$a_2=a_1-\frac{f(a_1)}{f'(a_1)}$$

이고 이 값을 제2차 근삿값이라고 한다. 같은 방법으로 제3차, 제4차 근삿값, 즉

$$a_3=a_2-\frac{f(a_2)}{f'(a_2)}$$

$$a_4 = a_3 - \frac{f(a_3)}{f'(a_3)}$$

$$\vdots$$

$$a_{n+1} = a_n - \frac{f(a_n)}{f'(a_n)}$$

을 구할 수 있다. 이때 a_1, a_2, a_3, $\cdots$, a_n, $\cdots$은 α에 가까워진다.

이와 같은 방법으로 근의 근삿값을 구하는 방법을 뉴턴의 방법이라고 한다.

예제 $x^3 - x - 1 = 0$의 실근 α는 구간 $[1,\ 2]$ 사이에 있다. 실근 α의 제2차 근삿값을 구하여라.

→풀이 $f(x) = x^3 - x - 1$이라 하면 $f'(x) = 3x^2 - 1$.

$$a = 1\text{이므로 } a_1 = 1 - \frac{-1}{2} = \frac{3}{2},\ a_2 = \frac{3}{2} - \frac{f\left(\frac{3}{2}\right)}{f'\left(\frac{3}{2}\right)} = \frac{31}{23}$$

문제

좌표평면에서 곡선 $y = x^4$ 위의 점 $(1,\ 1)$에서의 접선과 x축과의 교점을 $(a_1,\ 0)$, 점 $(a_1,\ a_1^4)$에서의 접선과 x축과의 교점을 $(a_2,\ 0)$, 점 $(a_2,\ a_2^4)$에서의 접선과 x축과의 교점을 $(a_3,\ 0)$, $\cdots$이라 하자. 이와 같은 과정을 계속하여 얻은 수열 $\{a_n\}$에서 a_6의 값을 구하면?

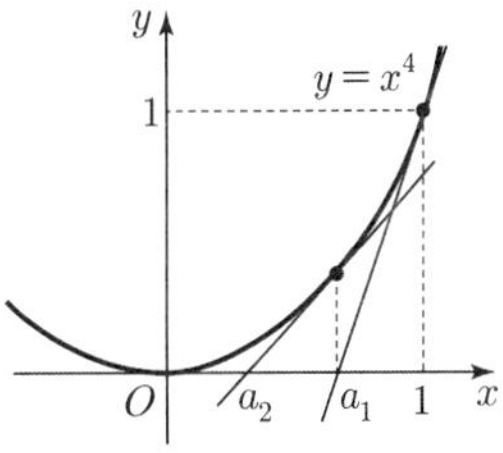

① $\left(\frac{3}{4}\right)^4$ ② $\left(\frac{3}{4}\right)^5$ ③ $\left(\frac{3}{4}\right)^6$ ④ $\left(\frac{4}{5}\right)^5$ ⑤ $\left(\frac{4}{5}\right)^6$

제6장

부정적분과 정적분

6.1 부정적분

이 장에서는 미분의 역연산인 부정적분의 개념에 대하여 알아보자.

함수 $F(x)$의 도함수가 $f(x)$일 때, 즉

$$F'(x) = f(x)$$

이면 함수 $F(x)$를 x에 관한 $f(x)$의 **원시함수**라 하고

$$\int f(t)dx = F(x) + C$$

라고 나타내며, 이를 $f(x)$의 **부정적분**이라고 한다. 이때 C는 **적분상수**라고 한다.

다음 정리를 부정적분의 선형성이라 한다.

정리 6.1.1

(1) $\int kf(x)dx = k\int f(x)dx$ (k는 상수)

(2) $\int \{f(x)+g(x)\}dx = \int f(x)dx + \int g(x)dx$

적분공식 I

(1) $\int x^n dx = \dfrac{1}{n+1}x^{n+1} + C$ $(n \neq -1)$

(2) $\int \dfrac{1}{x}dx = \ln|x| + C$

예제 6.1.1 다음 부정적분을 구하여라.

(1) $\int (x^3 - \sqrt{x})dx$　　　(2) $\int \left(\dfrac{1}{x^3} + \dfrac{1}{x}\right)dx$

풀이 (1) $\int (x^3 - \sqrt{x})dx = \int x^3 dx - \int \sqrt{x}\,dx = \dfrac{1}{4}x^4 - \dfrac{2}{3}x^{\frac{3}{2}} + C$

(2) $\int\left(\frac{1}{x^3}+\frac{1}{x}\right)dx=\int x^{-3}dx+\int\frac{1}{x}dx=\frac{1}{-2}x^{-2}+\ln|x|+C$

□

문제 6.1.1

다음 부정적분을 구하여라.

(1) $\int\frac{1}{x\sqrt{x}}dx$

(2) $\int(x\sqrt{x}+x^4-3x)dx$

(3) $\int\frac{x-3x}{x^2}dx$

(4) $\int\left(x-\frac{5}{x}\right)^2dx$

적분공식 Ⅱ

(1) $\int\sin x\,dx=-\cos x+C$

(2) $\int\cos x\,dx=\sin x+C$

(3) $\int\csc^2x\,dx=-\cot x+C$

(4) $\int\sec^2x\,dx=\tan x+C$

예제 6.1.2 다음 부정적분을 구하여라.

(1) $\int(2\cos x+4\sin x)dx$

(2) $\int\sin^2\frac{x}{2}dx$

(3) $\int\tan^2x\,dx$

(4) $\int\frac{1-\cos^3x}{\cos^2x}dx$

풀이 (1) $\int(2\cos x+4\sin x)dx=2\sin x-4\cos x+C$

(2) $\int\sin^2\frac{x}{2}dx=\int\frac{1-\cos x}{2}dx=\frac{1}{2}x-\frac{1}{2}\sin x+C$

(3) $\int\tan^2x\,dx=\int(\sec^2x-1)dx=\tan x-x+C$

(4) $\int\frac{1-\cos^3x}{\cos^2x}dx=\int(\sec^2x-\cos x)dx=\tan x-\sin x+C$ □

문제 6.1.2

다음 부정적분을 구하여라.

(1) $\int (2\sin x - 5\cos x)dx$　　(2) $\int \cos^2 \frac{x}{2} dx$

(3) $\int \cot^2 x\, dx$　　(4) $\int \frac{1+\sin^2 x}{\sin^2 x} dx$

적분공식 Ⅲ

(1) $\int e^x dx = e^x + C$

(2) $\int a^x dx = \frac{a^x}{\ln a} + C \ (a > 0,\ a \neq 1)$

예제 6.1.3 다음 부정적분을 구하여라.

(1) $\int e^{x+1} dx$　　(2) $\int (a^x + 1)dx$

(3) $\int 2^{2x} dx$　　(4) $\int e^{-x+1} dx$

풀이 (1) $\int e^{x+1} dx = \int e \cdot e^x dx = e\int e^x dx = e^{x+1} + C$

(2) $\int (a^x + 1)dx = \int a^x dx + \int 1 dx = \frac{a^x}{\ln a} + x + C$

(3) $\int 2^{2x} dx = \int 4^x dx = \frac{4^x}{\ln 4} + C = \frac{2^{2x}}{\ln 4} + C$

(4) $\int e^{-x+1} dx = e\int e^{-x} dx = e \cdot (-e^{-x}) + C$

$= -e^{-x+1} + C$ □

문제 6.1.3

다음 부정적분을 구하여라.

(1) $\int \frac{e^{2x}-1}{e^x+1} dx$　　(2) $\int (x - e^{-2x})dx$

(3) $\int \frac{27^x + 1}{3^x + 1} dx$ (4) $\int 5^x dx$

적분공식 Ⅳ

(1) $\int \frac{f'(x)}{f(x)} dx = \ln|f(x)| + C$

예제 6.1.4 다음 부정적분을 구하여라.

(1) $\int \frac{1}{x+1} dx$ (2) $\int \frac{x+4}{x+2} dx$

(3) $\int \frac{x^2}{x+1} dx$ (4) $\int \tan x \, dx$

풀이 (1) $\int \frac{1}{x+1} dx = \int \frac{(x+1)'}{x+1} dx = \ln|x+1| + C$

(2) $\int \frac{x+4}{x+2} dx = \int \left(1 + \frac{2}{x+2}\right) dx = x + 2\ln|x+2| + C$

(3) $\int \frac{x^2}{x+1} dx = \int \left(x - 1 + \frac{1}{x+1}\right) dx = \frac{1}{2}x^2 - x + \ln|x+1| + C$

(4) $\int \tan x \, dx = \int \frac{\sin x}{\cos x} dx = -\int \frac{-\sin x}{\cos x} dx = -\ln|\cos x| + C$

□

또 다른 형태의 분수함수를 적분하는 방법에 대해 알아보자.

예를 들어 $\frac{x+4}{x^2 - x - 2} = \frac{A}{x-2} + \frac{B}{x+1}$에서 좌변의 분수함수 형태를 우변의 모양으로 하여 적분한다. 이때 $A = 2$, $B = -1$을 얻는다.

예제 6.1.5 다음 부정적분을 구하여라.

(1) $\int \frac{4x - 5}{x^2 - 5x + 6} dx$ (2) $\int \frac{2}{(x+2)(x+3)} dx$

풀이 (1) $\displaystyle\int \frac{4x-5}{x^2-5x+6}dx = \int \frac{4x-5}{(x-2)(x-3)}dx$

$$= \int\left(\frac{-3}{x-2} + \frac{7}{x-3}\right)dx$$

$$= -3\ln|x-2| + 7\ln|x-3| + C$$

$$= \ln\left|\frac{(x-3)^7}{(x-2)^3}\right| + C$$

(2) $\displaystyle\int \frac{2}{(x+2)(x+3)}dx = \int\left(\frac{2}{x+2} - \frac{2}{x+3}\right)dx$

$$= 2\ln|x+2| - 2\ln|x+3| + C$$

$$= \ln\left(\frac{x+2}{x+3}\right)^2 + C$$

□

문제 6.1.4

다음 부정적분을 구하여라.

(1) $\displaystyle\int \frac{x+2}{x-1}dx$ (2) $\displaystyle\int \frac{1}{x^2-1}dx$

(3) $\displaystyle\int \frac{1}{(x-2)(x-1)}dx$ (4) $\displaystyle\int \frac{x}{x^2-4}dx$

치환적분법

$u = f(x)$가 미분가능한 함수이면, $du = f'(x)dx$이므로

$$\int g(f(x))f'(x)dx = \int g(u)du$$

이다. 이와 같은 방법을 **치환적분법**이라 한다.

예제 6.1.6 다음 부정적분을 구하여라.

(1) $\displaystyle\int (3x-1)^5 dx$ (2) $\displaystyle\int \sqrt{x-1}\,dx$

(3) $\displaystyle\int x\cdot\sin(x^2+1)dx$ (4) $\displaystyle\int \cos^3 x \sin x\, dx$

풀이 (1) $u=3x-1$이라고 두자. 양변을 미분하면 $du=3dx$이므로

$$\begin{aligned}\int(3x-1)^5dx&=\int u^5\cdot\frac{1}{3}du=\frac{1}{18}u^6+C\\&=\frac{1}{18}(3x-1)^6+C\end{aligned}$$

(2) $u=x-1$이라고 두자. 양변을 미분하면 $du=dx$이므로

$$\int\sqrt{x-1}\,dx=\int\sqrt{u}\,du=\frac{2}{3}u^{\frac{3}{2}}+C=\frac{2}{3}(x+1)^{\frac{3}{2}}+C$$

(3) $u=x^2+1$이라고 두자. 양변을 미분하면 $du=2x\,dx$이므로

$$\begin{aligned}\int x\cdot\sin(x^2+1)dx&=\int\sin u\cdot\frac{1}{2}du=\frac{-1}{2}\cos u+C\\&=-\frac{1}{2}\cos(x^2+1)+C\end{aligned}$$

(4) $u=\cos x$라고 두자. 양변을 미분하면 $du=\sin x\,dx$이므로

$$\begin{aligned}\int\cos^3x\cdot\sin x\,dx&=\int u^3du=\frac{1}{4}u^4+C\\&=\frac{1}{4}\cos^4x+C\end{aligned}$$

□

문제 6.1.5

다음 부정적분을 구하여라.

(1) $\int x(x^2-1)^4dx$

(2) $\int xe^{x^2-1}dx$

(3) $\int\tan^2(2x+1)dx$

(4) $\int\frac{1}{\sqrt{1-x}}dx$

부분적분법

미분가능 함수 $u(x)$, $v(x)$에 대해

$$\{u(x)v(x)\}' = u'(x)v(x) + u(x)v'(x)$$
$$u'(x)v(x) = \{u(x)v(x)\}' - u(x)v'(x)$$

이다. 양변을 x에 관하여 적분하면

$$\int u'(x)v(x)dx = u(x)v(x) - \int u(x)v'(x)dx$$

이다. 이러한 방법을 **부분적분법**이라 한다.

예제 6.1.6 다음을 부분적분법으로 적분하여라.

(1) $\int xe^x dx$ (2) $\int x \ln x \, dx$

(3) $\int x \sin x \, dx$

풀이 (1) $\int xe^x dx = \int (e^x)' \cdot x \, dx = xe^x - \int e^x dx$

$= xe^x - e^x + C$

(2) $\int x \ln x \, dx = \int \left(\frac{1}{2}x^2\right)' \ln x \, dx = \frac{1}{2}x^2 \ln x - \int \frac{1}{2} x \, dx$

$= \frac{1}{2}x^2 \ln x - \frac{1}{4}x^2 + C$

(3) $\int x \sin x \, dx = \int (-\cos x)' \cdot x \, dx = -\cos x + \int \cos x \, dx$

$= -x \cdot \cos x + \sin x + C$ □

문제 6.1.5

다음을 부분적분법으로 적분하여라.

(1) $\int \ln x \, dx$ (2) $\int xe^{3x} dx$

(3) $\int \cos^3 x \, dx$ (4) $\int x(\ln x)^2 dx$

연·습·문·제 6.1

EXERCISES

1. 다음 부정적분을 구하여라.

(1) $\int \sqrt{\tan x}\, \sec^2 x\, dx$

(2) $\int x^3 \sqrt{3-x}\, dx$

(3) $\int \frac{e^{2x}}{1+e^x} dx$

(4) $\int \frac{2x+3}{x^2+4x+5} dx$

(5) $\int \frac{x^3}{\sqrt{x^2+1}} dx$

(6) $\int \cot^2 x\, dx$

(7) $\int a^{3x} dx \ (a \neq 1,\ a > 0)$

(8) $\int \tan x \sec^3 x\, dx$

2. 다음 부정적분을 구하여라.

(1) $\int x^2 \ln x\, dx$

(2) $\int x \cos 3x\, dx$

(3) $\int x^2 e^{-x} dx$

(4) $\int x \sin 2x\, dx$

(5) $\int e^x \sin 2x\, dx$

(6) $\int e^{2x} \cos 3x\, dx$

6.2 정적분

$\int f(x)dx = F(x) + C$ 라고 할 때 폐구간 $[a,\ b]$에서 $\int_a^b f(x)dx = F(b) - F(a)$가 성립한다. 이때 $\int_a^b f(x)\,dx$를 $f(x)$의 **정적분**이라 한다.

예제 6.2.1 다음 정적분을 구하여라.

(1) $\int_2^3 x\,dx$　　(2) $\int_4^9 x\sqrt{x}\,dx$

(3) $\int_1^e \frac{1}{x}dx$　　(4) $\int_0^1 (x^3 + x - 1)dx$

풀이 (1) $\int_2^3 x\,dx = \left[\frac{1}{2}x^2\right]_2^3 = \frac{9}{2} - \frac{4}{2} = \frac{5}{2}$

(2) $\int_4^9 x\sqrt{x}\,dx = \left[\frac{2}{5}x^{\frac{3}{2}}\right]_4^9 = \frac{2}{5}\cdot 9^{\frac{3}{2}} - \frac{2}{5}\cdot 4^{\frac{3}{2}}$

$= \frac{54}{5} - \frac{16}{5} = \frac{38}{5}$

(3) $\int_1^e \frac{1}{x}dx = [\ln x]_1^e = 1$

(4) $\int_0^1 (x^3 + x - 1)dx = \left[\frac{1}{4}x^4 + \frac{1}{2}x^2 - x\right]_0^1 = \frac{1}{4} + \frac{1}{2} - 1 = -\frac{1}{4}$ □

예제 6.2.2 다음을 치환적분법으로 정적분하여라.

(1) $\int_0^1 (3x-1)^5 dx$　　(2) $\int_0^1 \sqrt{x+1}\,dx$

(3) $\int_0^{\frac{\pi}{4}} \cos^3 x \cdot \sin x\,dx$　　(2) $\int_1^2 \frac{1}{x+1}dx$

풀이 (1) $u = 3x - 1$이라고 하면 $du = 3\,dx$이고, $x = 0$일 때 $u = -1$, $x = 1$일 때 $u = 2$이므로

$$\int_0^1 (3x-1)^5 dx = \int_{-1}^2 u^5 \cdot \frac{1}{3} du = \left[\frac{1}{18}u^6\right]_{-1}^2$$

$$= \frac{64}{18} - \frac{1}{18} = \frac{63}{18} = \frac{21}{6}$$

(2) $u = x+1$이라고 하면 $du = dx$이고, $x=0$일 때 $u=1$, $x=1$일 때 $u=2$이므로

$$\int_0^1 \sqrt{x+1}\, dx = \int_1^2 \sqrt{u}\, du = \left[\frac{2}{3}u^{\frac{3}{2}}\right]_1^2 = \frac{2}{3} \cdot 2^{\frac{3}{2}} - \frac{2}{3}$$

(3) $u = \cos x$라고 하면 $du = \sin x\, dx$이고, $x=0$일 때 $u=0$, $x=\frac{\pi}{4}$일 때 $u=\frac{\sqrt{2}}{2}$이므로

$$\int_0^{\frac{\pi}{4}} \cos^3 x \cdot \sin x\, dx = \int_0^{\frac{\sqrt{2}}{2}} u^3 du = \left[\frac{1}{4}u^4\right]_0^{\frac{\sqrt{2}}{2}} = \frac{1}{16}$$

(4) $u = x+1$이라고 하면 $du = dx$이고, $x=1$일 때 $u=2$, $x=2$일 때 $u=3$이므로

$$\int_1^2 \frac{1}{x+1} dx = \int_2^3 \frac{1}{u} du = [\ln u]_2^3 = \ln 3 - \ln 2 = \ln\frac{3}{2}$$ □

문제 6.2.1

다음 정적분을 구하여라.

(1) $\int_0^1 (2x+1)^3 dx$

(2) $\int_0^{\frac{\pi}{2}} \cos^3 x\, dx$

(3) $\int_1^2 e^{3x+1} dx$

(4) $\int_1^2 \frac{1}{2x+1} dx$

부정적분에서의 부분적분법은 정적분에서도 그대로 적용된다.

$$\int_a^b u'(x)v(x)dx = [u(x)v(x)]_a^b - \int_a^b u(x)v'(x)dx$$

예제 6.2.3 다음을 부분적분법으로 정적분하여라.

(1) $\int_0^1 xe^x dx$ (2) $\int_0^{\frac{\pi}{4}} x \sin x\, dx$

풀이 (1) $\int_0^1 xe^x dx = [xe^x]_0^1 - \int_0^1 e^x dx$

$$= e - [e^x]_0^1 = 1$$

(2) $\int_0^{\frac{\pi}{4}} x \sin x\, dx = [-x \cdot \cos x]_0^{\frac{\pi}{4}} + \int_0^{\frac{\pi}{4}} \cos x\, dx$

$$= -\frac{\pi}{4} \cdot \frac{\sqrt{2}}{2} + [\sin x]_0^{\frac{\pi}{4}}$$

$$= -\frac{\sqrt{2}}{8}\pi + \frac{\sqrt{2}}{2}$$

□

문제 6.2.2

다음 정적분을 구하여라.

(1) $\int_1^e x \ln x\, dx$ (2) $\int_0^1 x^2 e^x dx$

(3) $\int_0^{\frac{\pi}{2}} x \cdot \cos x\, dx$

연·습·문·제 6.2

EXERCISES

1. 다음 정적분을 구하여라.

(1) $\int_0^{\frac{\pi}{4}} \tan^2 x\, dx$ (2) $\int_{-2}^{2} |x|\, dx$

(3) $\int_0^{\frac{\pi}{2}} \sin^4 x\, dx$ (4) $\int_1^2 (y^2+2)\, dy$

2. 다음 정적분을 구하여라.

(1) $\int_1^2 \frac{2x+2}{x^2+2x} dx$ (2) $\int_0^1 (1+x)^5\, dx$

(3) $\int_0^{\pi} \sin x \cdot \cos^2 x\, dx$ (4) $\int_0^{\frac{\pi}{2}} \cos^3 x\, dx$

3. 다음 정적분을 구하여라.

(1) $\int_0^{\frac{\pi}{2}} e^x \cos x\, dx$ (2) $\int_0^1 x^2 e^x\, dx$

(3) $\int_0^1 \sin^{-1} x\, dx$ (4) $\int_0^1 \tan^{-1} x\, dx$

6.3 정적분의 응용

이 절에서는 정적분을 이용하여 도형의 넓이, 부피 등을 구하여 보자.

유계인 폐구간 $[a, b]$에서 $f(x) \geq 0$이고 연속일 때, 곡선 $y = f(x)$, 직선 $x = a$, $x = b$, $y = 0$으로 둘러싸인 도형의 넓이 A는 정적분 $\int_a^b f(x)dx$와 같다. 즉 $A = \int_a^b f(x)dx$이고 다음 정리도 자명하다.

정리 6.3.1

f와 g가 연속이고 모든 $x \in [a, b]$에 대해 $f(x) \geq g(x)$이면 그래프 f와 그래프 g, $x = a$와 $x = b$로 둘러싸인 부분의 넓이는 다음과 같다.

$$A = \int_a^b \{f(x) - g(x)\}dx$$

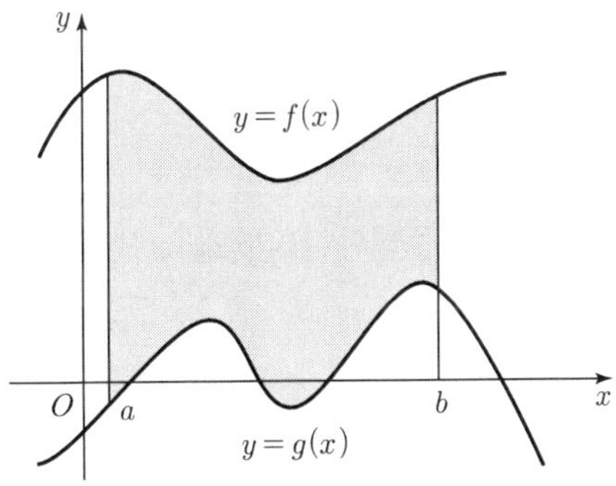

[그림 6.3.1]

예제 6.3.1 $y = x^2 + x - 2$와 $y = x + 2$로 둘러싸인 부분의 넓이를 구하여라.

풀이 먼저 $y = x^2 + x - 2$와 $y = x + 2$의 교점을 구하면

$$x^2 + x - 2 = x + 2$$

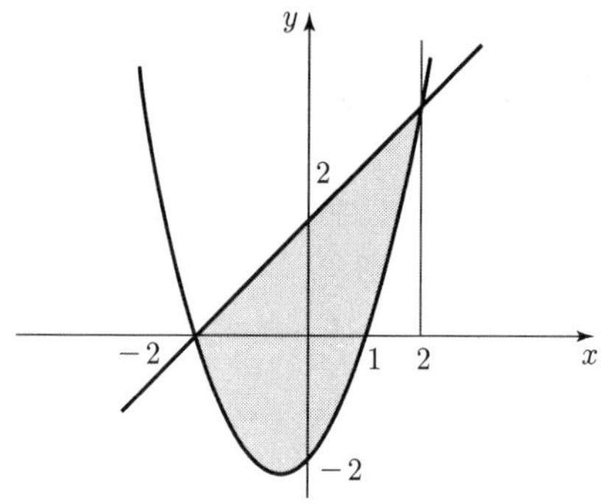

[그림 6.3.2]

에서 $x=2$와 $x=-2$를 얻는다. 따라서 $-2 \le x \le 2$인 구간에서 $y=x+2$가 $y=x^2+x-2$보다 위에 있으므로 구하는 넓이는 다음과 같다.

$$A=\int_{-2}^{2}\{(x+2)-(x^2+x-2)\}dx$$
$$=\int_{-2}^{2}(-x^2+4)dx=\left[-\frac{x^3}{3}+4x\right]_{-2}^{2}=\frac{32}{3} \qquad \square$$

정리 6.3.2

(1) $x=a$, $x=b$, $y=f(x)$로 둘러싸인 영역을 x축 중심으로 회전시켰을 때 만들어지는 회전체의 부피 V는

$$V=\int_a^b \pi\{f(x)\}^2 dx$$

이다.

(2) $y=c$, $y=d$, $x=g(y)$로 둘러싸인 영역을 y축을 중심으로 회전시켰을 때 만들어지는 회전체의 부피는

$$V=\int_c^d \pi\{g(y)\}^2 dy$$

이다.

예제 6.3.2 $y=x^2$, $y=9$로 둘러싸인 부분을 y축을 중심으로 회전시켰을 때 이루어지는 입체의 부피를 구하여라.

풀이

$$V=\int_c^d \pi\{g(y)\}^2 dy=\int_0^9 \pi\{\sqrt{y}\}^2 dy=\pi\int_0^9 y\,dy$$

$$=\pi\left[\frac{1}{2}y^2\right]_0^9=\frac{81}{2}\pi$$ □

문제 6.3.1

$y=\sqrt{x}$, $y=0$, $x=9$로 둘러싸인 부분을 $x=9$를 중심으로 회전시켰을 때 만들어지는 회전체의 부피를 구하여라.

연·습·문·제 6.3

EXERCISES

1. 다음 함수와 x축으로 둘러싸인 넓이를 구하여라.

   (1) $y = 3x - x^2$ (2) $y = x^3 - 3x^2 + 2x$

2. 다음 곡선과 직선을 ( ) 안에 표시된 직선을 중심으로 회전시켰을 때의 회전체 부피를 구하여라.

   (1) $y = x^2,\ x = 1$ (x축)

   (2) $y = \sqrt{x},\ x = 2,\ y = 4,\ y = 0$ (y축)

생각해 보기

구분구적법

선분으로 이루어진 다각형은 삼각형이나 사각형으로 나누어 그 넓이를 구할 수 있다. 하지만 직선과 곡선, 곡선과 곡선으로 둘러싸인 도형의 넓이나 곡면으로 둘러싸인 입체 도형의 부피는 구하기가 그렇게 쉽지 않다.

이러한 경우에 바로 구분구적법을 이용한다.

구분구적법을 좀 더 정밀하게 이론적으로 정립한 것이 바로 정적분이다. 구분구적법의 생각은 아르키메데스의 방법이나 케플러의 맥주통의 부피를 구하는 방법 등에 나타나 있으며, 이러한 생각이 훗날 미분적분학을 탄생시키는 계기가 되었다.

오른쪽 그림은 $\overline{AB}$, $\overline{BC}$, $\overline{CD}$와 곡선 AD로 둘러싸인 평면도형을 나타낸 것이다.

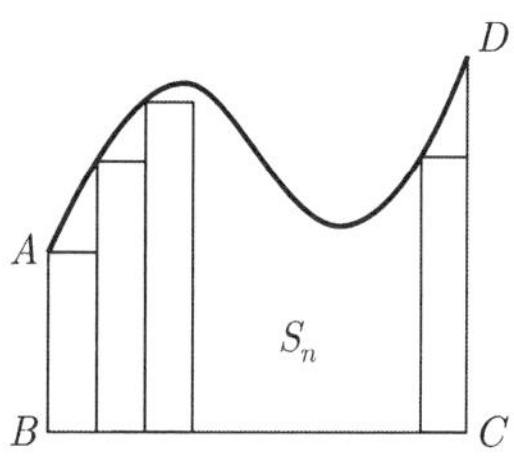

이때 이 도형의 넓이를 S라 하자. 또 $\overline{BC}$를 n등분하여 오른쪽 그림과 같이 직사각형을 만들고, 그 넓이의 합을 각각 S_n, S_n'이라 하자.

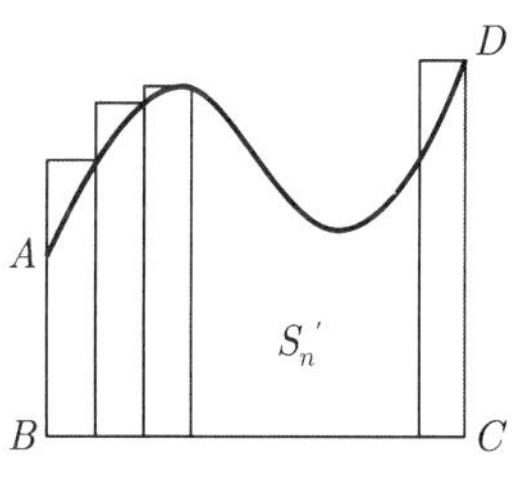

여기서 $\overline{BC}$를 잘게 나눌수록 n은 커지고 S_n과 S_n'은 원래 도형의 넓이 S에 가까워진다. 즉,

$$S_n < S < S_n'$$

$$S = \lim_{n\to\infty} S_n = \lim_{n\to\infty} S_n'$$

이 성립한다.

이와 같이 도형의 넓이나 부피를 구할 때 주어진 도형을 잘게 쪼개어 그 도형의 넓이나 부피의 근삿값을 구한 다음, 그 근삿값의 극한값으로 도형의 넓이나 부피를 구하는 방법을 '구분구적법'이라고 한다.

참고로, 오른쪽 위의 그림과 같이 도형의 넓이를 구하는 것을 '구분내적법'이라 하고, 그 아래의 그림과 같이 도형의 넓이를 구하는 것을 '구분외적법'이라고 한다.

예제 오른쪽 그림의 색칠한 부분, 즉 $y=x^2$과 x축 및 $x=1$로 둘러싸인 도형의 넓이 S를 구분외적법과 구분내적법으로 각각 구하여라.

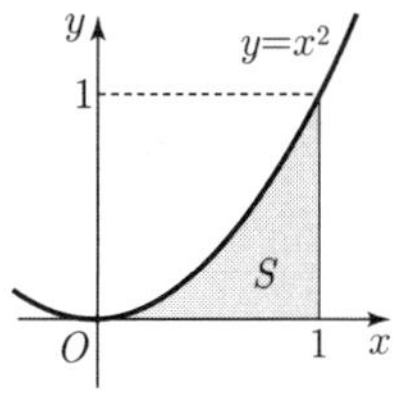

풀이 n개의 직사각형의 넓이의 합을 두 가지 방법으로 구한 후 $n \to \infty$일 때의 극한값으로 그 넓이를 구한다.

(1) 구분외적법

오른쪽 그림과 같이 구간 $[0,\ 1]$을 n등분하여 곡선 $y=x^2$을 포함하는 n개의 직사각형의 넓이의 합, 즉 n등분한 소구간의 오른쪽 끝점에서의 함숫값을 높이로 하는 직사각형들의 넓이의 합을 구한 다음 $n \to \infty$일 때의 극한값을 구한다.

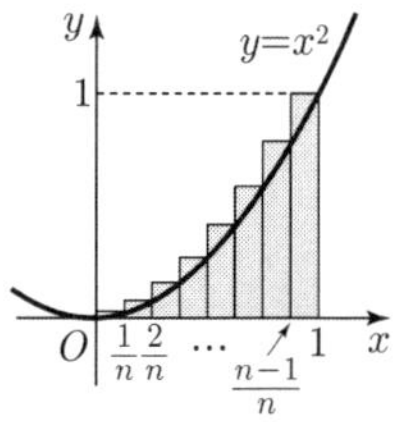

그림에서 x좌표는 각각 $\frac{1}{n},\ \frac{2}{n},\ \frac{3}{n},\ \cdots,\ \frac{n-1}{n},\ \frac{n}{n}(=1)$이다.

이때 n개의 직사각형의 넓이의 합을 S_n이라 하면

$$S_n = \left(\frac{1}{n}\right)^2 \cdot \frac{1}{n} + \left(\frac{2}{n}\right)^2 \cdot \frac{1}{n} + \cdots + \left(\frac{n}{n}\right)^2 \cdot \frac{1}{n}$$

$$= \frac{1^2+2^2+3^2+\cdots+n^2}{n^3}$$

$$= \frac{1}{n^3} \cdot \frac{1}{6}n(n+1)(2n+1) = \frac{1}{6}\left(1+\frac{1}{n}\right)\left(2+\frac{1}{n}\right)$$

$$\therefore \lim_{n\to\infty} S_n = \lim_{n\to\infty} \frac{1}{6}\left(1+\frac{1}{n}\right)\left(2+\frac{1}{n}\right) = \frac{1}{3} \qquad \therefore S = \frac{1}{3}$$

(2) 구분내적법

오른쪽 그림과 같이 n등분한 소구간의 왼쪽 끝점에서의 함숫값을 높이로 하는 직사각형들의 넓이의 합을 $S_n{}'$이라고 하면

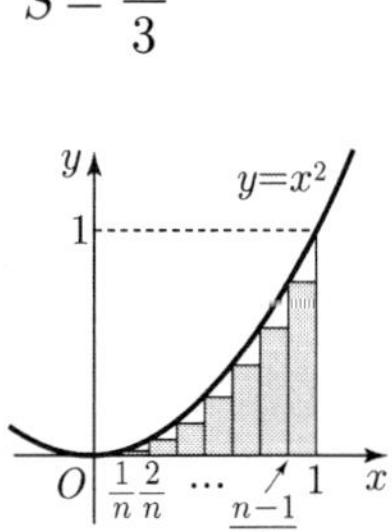

$$S_n{}' = \left(\frac{1}{n}\right)^2 \cdot \frac{1}{n} + \left(\frac{2}{n}\right)^2 \cdot \frac{1}{n} + \cdots + \left(\frac{n-1}{n}\right)^2 \cdot \frac{1}{n}$$

$$= \frac{1^2+2^2+3^2+\cdots+(n-1)^2}{n^3}$$

$$= \frac{1}{n^3} \cdot \frac{1}{6}n(n-1)(2n-1) = \frac{1}{6}\left(1-\frac{1}{n}\right)\left(2-\frac{1}{n}\right)$$

$$\therefore \lim_{n\to\infty} S_n{}' = \lim_{n\to\infty} \frac{1}{6}\left(1-\frac{1}{n}\right)\left(2-\frac{1}{n}\right) = \frac{1}{3} \qquad \therefore S = \frac{1}{3}$$

문제 1

곡선 $y=3x^2$과 직선 $x=2$ 및 x축으로 둘러싸인 부분의 넓이 S를 구분구적법으로 구하면 $S=\lim_{n\to\infty}\sum_{k=1}^{n}$[(가)]$\cdot\frac{1}{n}=8$이다. 다음 중 빈 칸 (가)에 알맞은 것은?

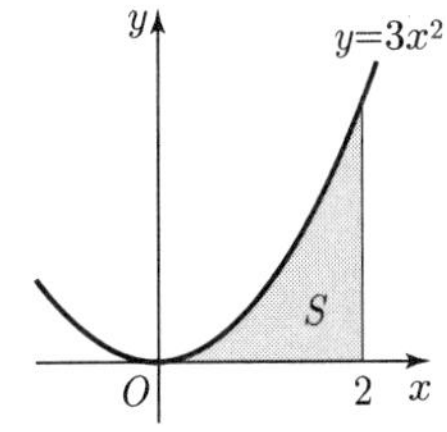

① $6\left(\frac{k}{n}\right)^2$ ② $8\left(\frac{k}{n}\right)^2$ ③ $12\left(\frac{k}{n}\right)^2$

④ $16\left(\frac{k}{n}\right)^2$ ⑤ $24\left(\frac{k}{n}\right)^2$

문제 2

오른쪽 그림은 곡선 $y=\sqrt{x}$와 직선 $y=10$ 및 y축으로 둘러싸인 부분에 y축의 구간 $[0, 10]$을 10등분하여 9개의 직사각형을 내접시킨 것이다. 이때 색칠한 부분의 넓이는?

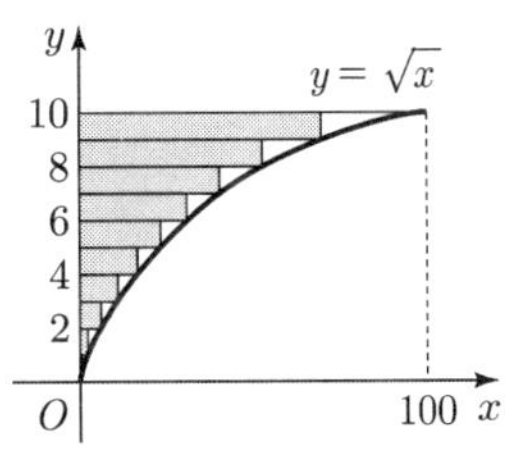

① 48 ② 49 ③ $\frac{141}{3}$

④ $\frac{145}{3}$ ⑤ $\frac{299}{6}$

부록

- A. 수표
- B. 수학공식
- C. 함수의 그래프
- D. 함수의 극한
- E. 미분법
- F. 적분표 (적분상수 생략)

[그리스 문자]

A	α	Alpha	P	ρ	Rho
B	β	Beta	Σ	σ	Sigma
Γ	γ	Gamma	T	τ	Tau
Δ	δ	Delta	Y	υ	Upsilon
N	ν	Nu	I	ι	Iota
Ξ	ξ	Xi	K	κ	Kappa
O	o	Omicron	Λ	λ	Lambda
Π	π	Pi	M	μ	Mu
E	ϵ	Epsilon	Φ	ϕ	Phi
Z	ζ	Zeta	X	χ	Chi
H	η	Eta	Ψ	ψ	Psi
Θ	θ	Theta	Ω	ω	Omega

[기호]

$\pm$	플러스 혹은 마이너스	$\mp$	마이너스 혹은 플러스
$=$	같다	$\neq$	같지 않다
$\equiv$	항등적으로 같다	$\not\equiv$	항등적으로 같지 않다
$\times$, $\cdot$	곱하기	$\div$, $/$	나누기
$>$	보다 크다	$<$	보다 작다
$\leq$	보다 크거나 같다	$\geq$	보다 작거나 같다
$\cong$	합동이다	$\approx$	근사적으로 같다
$\sim$	닮았다	$\rightarrow$	접근한다
$\propto$	비례한다	$\ln$	자연 log
$\perp$	수직이다	$\parallel$	평행이다
$\sqrt{}$	제곱근	$\sqrt[n]{}$	n승근
i	허수단위 $\sqrt{-1}$	∞	무한대
${}_nC_r$	$\dfrac{n!}{r!(n-r)!}$	${}_nP_r$	$\dfrac{n!}{(n-r)!}$
$\lvert a\rvert$	a의 절댓값	$\cdots$	등등

A. 수표

A.1 상용로그표

N	0	1	2	3	4	5	6	7	8	9
10	0000	0043	0086	0128	0170	0212	0253	0294	0334	0374
11	0414	0453	0492	0531	0569	0607	0645	0682	0719	0755
12	0792	0828	0864	0899	0934	0969	1004	1038	1072	1106
13	1139	1173	1206	1239	1271	1303	1335	1367	1399	1430
14	1461	1492	1523	1553	1584	1614	1644	1673	1703	1732
15	1761	1790	1818	1847	1875	1903	1931	1959	1987	2014
16	2041	2068	2095	2122	2148	2175	2201	2227	2253	2279
17	2304	2330	2355	2380	2405	2430	2455	2480	2504	2529
18	2553	2577	2601	2625	2648	2672	2695	2718	2742	2765
19	2788	2810	2833	2856	2878	2900	2923	2945	2967	2989
20	3010	3032	3054	3075	3096	3118	3139	3160	3181	3201
21	3222	3243	3263	3284	3304	3324	3345	3365	3385	3404
22	3424	3444	3464	3483	3502	3522	3541	3560	3579	3598
23	3617	3636	3655	3674	3692	3711	3729	3747	3766	3784
24	3802	3820	3838	3856	3874	3892	3909	3927	3945	3962
25	3979	3997	4014	4031	4048	4065	4082	4099	4116	4133
26	4150	4166	4183	4200	4216	4232	4249	4265	4281	4298
27	4314	4330	4346	4362	4378	4393	4409	4425	4440	4456
28	4472	4487	4502	4518	4533	4548	4564	4579	4594	4609
29	4624	4639	4654	4669	4683	4698	4713	4728	4742	4757
30	4771	4786	4800	4814	4829	4843	4857	4871	4886	4900
31	4914	4928	4942	4955	4969	4983	4997	5011	5024	5038
32	5051	5065	5079	5092	5105	5119	5132	5145	5159	5172
33	5185	5198	5211	5224	5237	5250	5263	5276	5289	5302
34	5315	5328	5340	5353	5366	5378	5391	5403	5416	5428
35	5441	5453	5465	5478	5490	5502	5514	5527	5539	5551
36	5563	5575	5587	5599	5611	5623	5635	5647	5658	5670
37	5682	5694	5705	5717	5729	5740	5752	5763	5775	5786
38	5798	5809	5821	5832	5843	5855	5866	5877	5888	5899
39	5911	5922	5933	5944	5955	5966	5977	5988	5999	6010
40	6021	6031	6042	6053	6064	6075	6085	6096	6107	6117
41	6128	6138	6149	6160	6170	6180	6191	6201	6212	6222
42	6232	6243	6253	6263	6274	6284	6294	6304	6314	6325
43	6335	6345	6355	6365	6375	6385	6395	6405	6415	6425
44	6435	6444	6454	6464	6474	6484	6493	6503	6513	6522
45	6532	6542	6551	6561	6571	6580	6590	6599	6609	6618
46	6628	6637	6646	6656	6665	6675	6684	6693	6702	6712
47	6721	6730	6739	6749	6758	6767	6776	6785	6794	6803
48	6812	6821	6830	6839	6848	6857	6866	6875	6884	6893
49	6902	6911	6920	6928	6937	6946	6955	6964	6972	6981
50	6990	6998	7007	7016	7024	7033	7042	7050	7059	7067
51	7076	7084	7093	7101	7110	7118	7126	7135	7143	7152
52	7160	7168	7177	7185	7193	7202	7210	7218	7226	7235
53	7243	7251	7259	7267	7275	7284	7292	7300	7308	7316
54	7324	7332	7340	7348	7356	7364	7372	7380	7388	7396

상용로그표(계속)

N	0	1	2	3	4	5	6	7	8	9
55	7404	7412	7419	7427	7435	7443	7451	7459	7466	7474
56	7482	7490	7497	7505	7513	7520	7528	7536	7543	7551
57	7559	7566	7574	7582	7589	7597	7604	7612	7619	7627
58	7634	7642	7649	7657	7664	7672	7679	7686	7694	7701
59	7709	7716	7723	7731	7738	7745	7752	7760	7767	7774
60	7782	7789	7796	7803	7810	7818	7825	7832	7839	7846
61	7853	7860	7868	7875	7882	7889	7896	7903	7910	7917
62	7924	7931	7938	7945	7952	7959	7966	7973	7980	7987
63	7993	8000	8007	8014	8021	8028	8035	8041	8048	8055
64	8062	8069	8075	8082	8089	8096	8102	8109	8116	8122
65	8129	8136	8142	8149	8156	8162	8169	8176	8182	8189
66	8195	8202	8209	8215	8222	8228	8235	8241	8248	8254
67	8261	8267	8274	8280	8287	8203	8299	8306	8312	8319
68	8325	8331	8338	8344	8351	8357	8363	8370	8376	8382
69	8388	8395	8401	8407	8414	8420	8426	8432	8439	8445
70	8451	8457	8463	8470	8476	8482	8488	8494	8500	8506
71	8513	8519	8525	8531	8537	8543	8549	8555	8561	8567
72	8573	8579	8585	8591	8597	8603	8609	8615	8621	8627
73	8633	8639	8645	8651	8675	8663	8669	8675	8681	8686
74	8692	8698	8704	8710	8716	8772	8727	8733	8739	8745
75	8751	8756	8762	8768	8774	8779	8785	8791	8797	8802
76	8808	8814	8820	8825	8831	8837	8842	8848	8854	8859
77	8865	8871	8876	8882	8887	8893	8899	8904	8910	8915
78	8921	8927	8932	8938	8943	8949	8954	8960	8965	8971
79	8976	8982	8987	8993	8998	9004	9009	9015	9020	9025
80	9031	9036	9042	9047	9053	9058	9063	9069	9074	9079
81	9085	9090	9096	9101	9106	9112	9117	9122	9128	9133
82	9138	9143	9149	9154	9159	9165	9170	9175	9180	9186
83	9191	9196	9201	9206	9212	9217	9222	9227	9232	9238
84	9243	9248	9253	9258	9263	9269	9274	9279	9284	9289
85	9294	9299	9304	9309	9315	9320	9325	9330	9335	9340
86	9345	9350	9355	9360	9365	9370	9375	9380	9385	9390
87	9395	9400	9405	9410	9415	9420	9425	9430	9435	9440
88	9445	9450	9455	9460	9465	9469	9474	9479	9484	9489
89	9494	9499	9504	9509	9513	9518	9523	9528	9533	9538
90	9542	9547	9552	9557	9562	9566	9571	9576	9581	9586
91	9590	9595	9600	9605	9609	9614	9619	9624	9628	9633
92	9638	9643	9647	9652	9657	9661	9666	9671	9675	9680
93	9685	9689	9694	9699	9703	9708	9713	9717	9722	9727
94	9731	9736	9741	9745	9750	9754	9759	9763	9768	9773
95	9777	9782	9786	9791	9795	9800	9805	9809	9814	9818
96	9823	9827	9832	9836	9841	9845	9850	9854	9859	9863
97	9868	9872	9877	9881	9886	9890	9894	9899	9903	9908
98	9912	9917	9921	9926	9930	9934	9939	9943	9948	9952
99	9956	9961	9965	9969	9974	9978	9983	9987	9991	9996

A.2 자연로그표

N	0	1	2	3	4	5	6	7	8	9
1.0	0.0000	0100	0193	0296	0392	0488	0583	0677	0770	0862
1.1	0953	1044	1133	1222	1310	1398	1484	1570	1655	1740
1.2	1823	1906	1989	2070	2151	2231	2311	2390	2469	2546
1.3	2624	2700	2776	2852	2927	3001	3075	3148	3221	3293
1.4	3365	3436	3507	3577	3646	3716	3784	3853	3920	3988
1.5	0.4055	4121	4187	4253	4318	4383	4447	4511	4574	4637
1.6	4700	4762	4824	4886	4947	5008	5008	5128	5188	5247
1.7	5306	5365	5423	5481	5539	5596	5653	5710	5766	5822
1.8	5878	5933	5988	6043	6098	6152	6206	6259	6313	6366
1.9	6419	6471	6523	6575	6627	6678	6729	6780	6831	6881
2.0	0.6931	6981	7031	7080	7129	7178	7227	7275	7324	7372
2.1	7419	7467	7514	7561	7608	7655	7701	7747	7793	7839
2.2	7885	7930	7975	8020	8065	8109	8154	8189	8242	8286
2.3	8329	8372	8416	8459	8502	9544	8587	8629	8671	8713
2.4	8755	8796	8838	8879	8920	8961	9002	9042	9083	9120
2.5	0.9163	9203	9243	9282	9322	9361	9400	9439	9478	9517
2.6	9555	9594	9632	9670	9708	9746	9783	9821	9858	9895
2.7	9933	9969	*0006	*0043	*0080	*0116	*0152	*0188	*0225	*0260
2.8	1.0296	0332	0367	0403	0438	0473	0508	0543	0578	0613
2.9	0647	0682	0716	0750	0784	0818	0852	0886	0919	0953
3.0	1.0986	1019	1053	1086	1119	1151	1184	1217	1249	1282
3.1	1314	1346	1378	1410	1442	1474	1506	1537	1569	1600
3.2	1632	1663	1694	1725	1756	1787	1817	1848	1878	1909
3.3	1939	1969	2000	2030	2060	2090	2119	2149	2179	2208
3.4	2238	2267	2296	2326	2355	2384	2413	2442	2470	2499
3.5	1.2528	2556	2585	2613	2641	2669	2698	2726	2754	2782
3.6	2806	2837	2865	2892	2920	2947	2975	3002	3029	3056
3.7	3083	3110	3137	3164	3191	3218	3244	3271	3297	3324
3.8	3350	3376	3403	3429	3455	3481	3507	3533	3558	3584
3.9	3610	3635	3661	3686	3712	3737	3762	3788	3813	3838
4.0	1.3863	3888	3913	3938	3962	3987	4012	4036	4061	4085
4.1	4110	4134	4159	4183	4207	4231	4255	4279	4303	4327
4.2	4351	4375	4398	4422	4446	4469	4493	4516	4540	4563
4.3	4586	4609	4633	4656	4679	4702	4725	4748	4770	4793
4.4	4816	4839	4861	4884	4907	4929	4951	4974	4996	5019
4.5	1.5041	5063	5085	5107	5129	5151	5173	5195	5217	5239
4.6	5261	5282	5304	5326	5347	5369	5390	5412	5433	5454
4.7	5476	5497	5518	5539	5560	5581	5602	5623	5644	5665
4.8	5686	5707	5728	5748	5769	5790	5810	5831	5851	5872
4.9	5892	5913	5933	5953	5974	5994	6014	6034	6054	6074
5.0	1.6094	6114	6134	6154	6147	6194	6214	6233	6253	6273
5.1	6292	6312	6332	6351	6371	6390	6409	6429	6448	6467
5.2	6487	6506	6525	6544	6563	6582	6601	6620	6639	6658
5.3	6677	6696	6715	6734	6752	6771	6790	6808	6827	6845
5.4	6864	6882	6901	6919	6938	6956	6974	6993	7011	7029
5.5	1.7047	7066	7084	7102	7120	7138	7156	7174	7192	7210
5.6	7228	7246	7263	7281	7299	7317	7334	7352	7370	7387

자연로그표(계속)

N	0	1	2	3	4	5	6	7	8	9
5.7	7405	7422	7440	7457	7457	7492	7509	7527	7544	7561
5.8	7579	7596	7613	7630	7647	7664	7681	7699	7771	7733
5.9	7750	7766	7783	7800	7817	7834	7851	7867	7884	7901
6.0	1.7918	7934	7951	7967	7984	8001	8017	8034	8050	8066
6.1	8083	8099	8116	8132	8148	8165	8181	8197	8213	8229
6.2	8245	8262	8278	8294	8310	8326	8342	8358	8374	8390
6.3	8405	8421	8437	8453	8469	8485	8500	8516	8532	8547
6.4	8563	8579	8594	8610	8625	8641	8656	8672	8687	8703
6.5	1.8718	8733	8749	8764	8779	8795	8810	8825	8840	8856
6.6	8871	8886	8901	8916	8931	8946	8961	8976	8991	9006
6.7	9021	9036	9051	9066	9081	9095	9110	9125	9140	9155
6.8	9169	9184	9199	9213	9228	9242	9257	9272	9286	9301
6.9	9315	9330	9344	9359	9373	9387	9402	9416	9430	9445
7.0	1.9459	9473	9488	9502	9516	9530	9544	9559	9573	9587
7.1	9601	9615	9629	9643	9657	9671	9685	9699	9713	9727
7.2	9741	9755	9769	9782	9796	9810	9824	9838	9851	9865
7.3	9879	9892	9906	9920	9933	9947	9961	9974	9988	*0001
7.4	2.0015	0028	0042	0055	0069	0082	0096	0109	0122	0136
7.5	2.0149	0162	0176	0189	0202	0215	0229	0242	0255	0268
7.6	0281	0295	0308	0321	0334	0347	0360	0373	0386	0399
7.7	0412	0425	0438	0451	0464	0477	0490	0503	0516	0528
7.8	0541	0554	0567	0580	0592	0605	0618	0631	0643	0656
7.9	0669	0681	0694	0707	0719	0732	0744	0757	0769	0782
8.0	2.0794	0807	0819	0832	0844	0857	0869	0882	0894	0909
8.1	0919	0931	0943	0956	0968	0980	0992	1005	1017	1026
8.2	1041	1054	1066	1078	1090	1102	1114	1126	1138	1150
8.3	1163	1175	1187	1199	1211	1223	1235	1247	1258	1270
8.4	1282	1294	1306	1318	1330	1342	1353	1365	1377	1389
8.5	2.1401	1412	1424	1436	1448	1495	1471	1483	1494	1506
8.6	1518	1529	1541	1552	1564	1576	1587	1599	1610	1622
8.7	1633	1645	1656	1668	1679	1691	1702	1713	1725	1736
8.8	1748	1759	1770	1782	1796	1804	1815	1827	1838	1849
8.9	1861	1872	1883	1894	1905	1917	1928	1939	1950	1961
9.0	2.1972	1983	1994	2006	2017	2028	2039	2050	2061	2072
9.1	2083	2094	2105	2116	2127	2138	2148	2159	2170	2181
9.2	2192	2203	2214	2225	2235	2246	2257	2268	2279	2289
9.3	2300	2311	2322	2332	2343	2354	2364	2375	2386	2396
9.4	2407	2418	2428	2439	2450	2460	2471	2481	2492	2502
9.5	2.2513	2523	2534	2544	2555	2565	2576	2586	2597	2607
9.6	2618	2628	2638	2649	2659	2670	2680	2690	2701	2711
9.7	2721	2732	2742	2752	2762	2773	2783	2793	2803	2814
9.8	2824	2834	2844	2854	2865	2875	2885	2895	2905	2915
9.9	2925	2935	2946	2956	2966	2976	2986	2996	3006	3016

A.3 삼각함수표

Deg.	Rad.	Sin	Cos	Tan	Cot		
0	0.0000	0.0000	1.0000	0.0000		1.5708	90
1	0.0175	0.0175	0.9998	0.0175	57.290	1.5503	89
2	0.0349	0.0349	0.9994	0.0349	28.636	1.5359	88
3	0.0524	0.0523	0.9986	0.0524	19.081	1.5184	87
4	0.0698	0.0698	0.9976	0.0699	14.301	1.5010	86
5	0.0873	0.0872	0.9962	0.0875	11.430	1.4935	85
6	0.1047	0.1045	0.9945	0.1051	9.5144	1.4661	84
7	0.1222	0.1219	0.9925	0.1228	8.1443	1.4486	83
8	0.1396	0.1392	0.9903	0.1405	7.1154	1.4312	82
9	0.1571	0.1564	0.9877	0.1584	6.3138	1.4137	81
10	0.1745	0.1736	0.9848	0.1763	5.6713	1.3663	80
11	0.1920	0.1908	0.9816	0.1944	5.1446	1.3788	79
12	0.2094	0.2079	0.9781	0.2126	4.7046	1.3614	78
13	0.2269	0.2250	0.9744	0.2309	4.3315	1.3439	77
14	0.2443	0.2419	0.9703	0.2493	4.0108	1.3265	76
15	0.2618	0.2588	0.9659	0.2679	3.7321	1.3090	75
16	0.2793	0.2756	0.9613	0.2867	3.4874	1.2915	74
17	0.2967	0.2924	0.9563	0.3057	3.2709	1.2741	73
18	0.3142	0.3090	0.9511	0.3249	3.0777	1.2566	72
19	0.3316	0.3256	0.9455	0.3443	2.9042	1.2392	71
20	0.3491	0.3420	0.9397	0.3640	2.7475	1.2217	70
21	0.3665	0.3584	0.9336	0.3839	2.6051	1.2043	69
22	0.3840	0.3746	0.9272	0.4040	2.4751	1.1868	68
23	0.4014	0.3907	0.9205	0.4245	2.3559	1.1694	67
24	0.4189	0.4067	0.9135	0.4452	2.2460	1.1519	66
25	0.4363	0.4226	0.9063	0.4663	2.1445	1.1345	65
26	0.4538	0.4384	0.8988	0.4877	2.0503	1.1170	64
27	0.4712	0.4540	0.8910	0.5095	1.9626	1.0996	63
28	0.4887	0.4695	0.8829	0.5317	1.8807	1.0821	62
29	0.5061	0.4848	0.8746	0.5543	1.8040	0.0547	61
30	0.5236	0.5000	0.8660	0.5774	1.7321	1.0472	60
31	0.5411	0.5150	0.8572	0.6009	1.6643	1.0297	59
32	0.5585	0.5299	0.8480	0.6249	1.6003	1.0123	58
33	0.5760	0.5446	0.8387	0.6494	1.5399	0.9948	57
34	0.5934	0.5592	0.8290	0.6745	1.4826	0.9774	56
35	0.6109	0.5736	0.8192	0.7002	1.4281	0.9599	55
36	0.6283	0.5878	0.8090	0.7265	1.3764	0.9425	54
37	0.6458	0.6018	0.7986	0.7536	1.3270	0.9250	53
38	0.6632	0.6157	0.7880	0.7813	1.2799	0.9706	52
39	0.6807	0.6293	0.7771	0.8098	1.2349	0.8901	51
40	0.6981	0.6428	0.7660	0.8391	1.1918	0.8727	50
41	0.7156	0.6561	0.7547	0.8693	1.1504	0.8552	49
42	0.7330	0.6691	0.7431	0.9004	1.1105	0.8378	48
43	0.7505	0.6820	0.7314	0.9325	1.0724	0.8203	47
44	0.7679	0.6947	0.7193	0.9657	1.0355	0.8029	46
45	0.7854	0.7071	0.7071	1.0000	1.0000	0.7854	45
		Cos	Sin	Cot	Tan	Rad.	Deg.

B. 수학공식

B.1 기하

다음 공식에서 r은 반경, h는 높이, l은 빗변, b는 밑변, B는 밑변의 면적, θ는 호도(라디안)법으로 잰 중심각을 나타낸다.

01 삼각형. 면적$= \frac{1}{2}bh$

02 직사각형. 면적$= bh$, 대각선$= \sqrt{b^2 + h^2}$

03 사다리꼴. 면적$= \frac{1}{2}h(b_1 + b_2)$

04 원. 호$= r\theta$, 원주$= 2\pi r$, 면적$= \pi r^2$

05 부채꼴. 면적$= \frac{1}{2}r^2\theta$

06 궁형. 면적$= \frac{1}{2}r^2(\theta - \sin\theta)$

07 직육면체. 세 모서리를 a, b, c라 하면 체적$= abc$, 대각선$= \sqrt{a^2 + b^2 + c^2}$

08 각주. 체적$= Bh$

09 각추. 체적$= \frac{1}{3}Bh$

10 직원주. 측면적$= 2\pi rh$, 체적$= \pi r^2 h$

11 직원추. 측면적$= \pi rl$, 체적$= \frac{1}{3}\pi r^2 h$

12 구. 표면적$= 4\pi r^2$, 체적$= \frac{4}{3}\pi r^3$

13 구대. 체적$= \frac{1}{3}\pi h^2(3r-h)$

14 각추대. 체적$= \frac{1}{3}h(B+B_2+\sqrt{B_1B_2})$

15 직원추대. 측면적$= \pi l(r_1+r_2)$, 체적$= \frac{1}{3}\pi h(r_1^2+r_2^2+r_1r_2)$

16 다면대. 체적$= \frac{1}{6}h(B_1+4B_m+B_2)$

B.2 대수

01 케일리-해밀턴(Cayley-Hamilton)의 정리

2차 정사각행렬 $A=\begin{pmatrix} a & b \\ c & d \end{pmatrix}$에 대하여, $A^2-(a+d)A+(ad-bc)I=O$이 성립한다.

02 행렬 $A=\begin{pmatrix} a & b \\ c & d \end{pmatrix}$의 역행렬 : $A^{-1}=\frac{1}{ad-bc}\begin{pmatrix} d & -b \\ -c & a \end{pmatrix}$ (단, $ad-bc\neq 0$)

03 이차방정식의 근의 공식

$$ax^2+bx+c=0,\ a\neq 0\text{이면 } x=\frac{-b\pm\sqrt{b^2-4ac}}{2a}$$

04 $a>0, b>0$이고 m, n, p가 양의 정수일 때, 다음이 성립한다.

(1) $\sqrt[n]{a}\sqrt[n]{b}=\sqrt[n]{ab}$ (2) $\frac{\sqrt[n]{a}}{\sqrt[n]{b}}=\sqrt[n]{\frac{a}{b}}$

(3) $(\sqrt[n]{a})^m=\sqrt[n]{a^m}$ (4) $\sqrt[np]{a^{mp}}=\sqrt[n]{a^m}$

05 $a>0, a\neq 1, x>0, y>0$이고 n이 실수일 때, 다음이 성립한다.

(5) $\log_a 1=0$, $\log_a a=1$ (6) $\log_a xy=\log_a x+\log_a y$

(7) $\log_a \frac{x}{y}=\log_a x-\log_a y$ (8) $\log_a x^n=n\log_a x$

06 더욱이 b, c는 1이 아닌 양수, m은 실수이고 $n\neq 0$이면, 다음을 만족한다.

(9) $\log_a b = \dfrac{\log_c b}{\log_c a}$　　(10) $\log_a b = \dfrac{1}{\log_b a}$

(11) $a^{\log_a x} = x,\ a^{\log_b x} = x^{\log_b a}$　　(12) $\log_{a^n} b^m = \dfrac{m}{n}\log_a b$

07 계승. $n! = 1 \cdot 2 \cdot 3 \cdots (n-1) \cdot n,\ 0 \neq 1$

08 이항전개

$$(a+b)^n = a^n + {}_nC_1 a^{n-1}b + {}_nC_2 a^{n-2}b^2 + \cdots + {}_nC_r\, C_r a^{n-r}b^r + \cdots + b^n$$

여기서 ${}_nC_1 = \dfrac{n}{1},\ {}_nC_2 = \dfrac{n(n-1)}{1 \cdot 2},\ {}_nC_r = \dfrac{n!}{r!(n-r)!}$

09 첫째항이 a_1이고, 공차가 d인 등차수열

일반항: $a_n = a + (n-1)d$

제n항까지의 합: $S_n = \dfrac{n\{2a + (n-1)d\}}{2}$

10 첫째항 a_1이고, 공비가 r인 등비수열

일반항: $a_n = a\,r^{n-1}$

제n항까지의 합: $S_n = \begin{cases} \dfrac{a(r^n - 1)}{r-1}, & r \neq 1 \\ na\ , & r = 1 \end{cases}$

11 $\displaystyle\sum_{k=1}^{n} k = \frac{n(n+1)}{2},\quad \sum_{k=1}^{n} k^2 = \frac{n(n+1)(2n+1)}{6},\quad \sum_{k=1}^{n} k^3 = \left\{\frac{n(n+1)}{2}\right\}^2$

12 (수열의 극한정리) $\lim\limits_{n\to\infty} a_n = a$이고 $\lim\limits_{n\to\infty} b_n = b$이면

① $\lim\limits_{n\to\infty}(a_n + b_n) = a + b$　　② $\lim\limits_{n\to\infty} a_n b_n = ab$

③ $\lim\limits_{n\to\infty}(ka_n) = ka$ (k는 상수)　　④ $\lim\limits_{n\to\infty}\dfrac{a_n}{b_n} = \dfrac{a}{b}\ (b \neq 0)$

13 $\lim\limits_{n\to\infty}\left(1 + \dfrac{1}{n}\right)^n = e \fallingdotseq 2.7182818284590\cdots$

14 무한등비급수 $a + ar + ar^2 + \cdots + ar^{n-1} + \cdots \ (a \neq 0)$는 $|r| < 1$이면 $\dfrac{a}{1-r}$에 수렴하고, $|r| \geq 1$이면 발산한다.

B.3 삼각법

01 호도와 도수. $360° = 2\pi$ 라디안

$$1\text{라디안} = 57.2957 \ \cdots \ \text{도}, \quad 1\text{도} = 0.0174532 \ \cdots \ \text{라디안}$$

02 특수각에 관한 삼각함숫값

각 (도 수)	sin	cos	tan	cot	sec	csc	각 (라디안)
0°		1	0	∞	1	∞	0
30°	$\frac{1}{2}$	$\frac{1}{2}\sqrt{3}$	$\frac{1}{3}\sqrt{3}$	$\sqrt{3}$	$\frac{2}{3}\sqrt{3}$	2	$\frac{1}{6}\pi$
45°	$\frac{1}{2}\sqrt{2}$	$\frac{1}{2}\sqrt{2}$	1	1	$\sqrt{2}$	$\sqrt{2}$	$\frac{1}{4}\pi$
60°	$\frac{1}{2}\sqrt{3}$	$\frac{1}{2}$	$\sqrt{3}$	$\frac{1}{3}\sqrt{3}$	2	$\frac{2}{3}\sqrt{3}$	$\frac{1}{3}\pi$
90°	1	0	∞	0	∞	1	$\frac{1}{2}\pi$
180°	0	-1	0	∞	-1	∞	π
270°	-1	0	∞	0	∞	-1	$\frac{3}{2}\pi$
360°	0	1	0	∞	1	∞	2π

03 기본항등식

$$\csc x = \frac{1}{\sin x} \qquad \sec x = \frac{1}{\cos x} \qquad \cot x = \frac{1}{\tan x}$$

$$\tan x = \frac{\sin x}{\cos x} \qquad \cot x = \frac{\cos x}{\sin x} \qquad \sin^2 x + \cos^2 x = 1$$

$$1 + \tan^2 x = \sec^2 x \qquad 1 + \cot^2 x = \csc^2 x$$

04 환원 관계

각	sine	cosne	tangent	cotangent	secant	cosecant
$-x$	$-\sin x$	$\cos x$	$-\tan x$	$-\cot x$	$\sec x$	$-\csc x$
$90°-x$	$\cos x$	$\sin x$	$\cot x$	$\tan x$	$\csc x$	$\sec x$
$90°+x$	$\cos x$	$-\sin x$	$-\cot x$	$-\tan x$	$-\csc x$	$\sec x$
$180°-x$	$\sin x$	$-\cos x$	$-\tan x$	$-\cot x$	$-\sec x$	$-\csc x$
$180°+x$	$-\sin x$	$-\cos x$	$\tan x$	$\cot x$	$-\sec x$	$\csc x$
$270°-x$	$-\cos x$	$-\sin x$	$\cot x$	$\tan x$	$-\csc x$	$-\sec x$
$270°+x$	$-\cos x$	$\sin x$	$-\cot x$	$-\tan x$	$\csc x$	$-\sec x$
$360°-x$	$-\sin x$	$\cos x$	$-\tan x$	$-\cot x$	$\sec x$	$-\csc x$

05 두 각의 합과 차에 관한 공식

$$\sin(x \pm y) = \sin x \cos y \pm \cos x \sin y$$

$$\cos(x \pm y) = \cos x \cos y \pm \sin x \sin y$$

$$\tan(x \pm y) = \frac{\tan x \pm \tan y}{1 \mp \tan x \tan y}$$

06 배각의 공식

$$\sin 2x = 2 \sin x \cos x,\ \ \cos 2x = \cos^2 x - \sin^2 x$$

$$\tan 2x = \frac{2 \tan x}{1 - \tan^2 x}$$

07 반각의 공식

$$\sin\frac{x}{2} = \pm\sqrt{\frac{1-\cos x}{2}},\ \ \cos\frac{x}{2} = \pm\sqrt{\frac{1+\cos x}{2}}$$

$$\tan\frac{x}{2} = \pm\sqrt{\frac{1-\cos x}{1+\cos x}},\ \ \frac{1-\cos x}{\sin x} = \frac{\sin x}{1+\cos x}$$

08 합의 공식

$$\sin x + \sin y = 2 \sin\frac{1}{2}(x+y)\cos\frac{1}{2}(x-y)$$

$$\sin x - \sin y = 2 \cos\frac{1}{2}(x+y)\sin\frac{1}{2}(x-y)$$

$$\cos x + \cos y = 2 \cos\frac{1}{2}(x+y)\cos\frac{1}{2}(x-y)$$

$$\cos x - \cos y = -2\cos\frac{1}{2}(x+y)\sin\frac{1}{2}(x-y)$$

09 곱의 공식

$$\sin x \sin y = \frac{1}{2}\cos(x-y) - \frac{1}{2}\cos(x+y)$$

$$\sin x \cos y = \frac{1}{2}\sin(x-y) + \frac{1}{2}\sin(x+y)$$

$$\cos x \cos y = \frac{1}{2}\cos(x-y) + \frac{1}{2}\cos(x+y)$$

10 역삼각함수의 공식($a>0$일 때)

$$\sin^{-1}(-a) = -\sin^{-1}a \qquad \cot^{-1}(-a) = \pi - \tan^{-1}\frac{1}{a}$$

$$\cos^{-1}(-a) = \pi - \cos^{-1}a \qquad \sec^{-1}(-a) = \cos^{-1}\frac{1}{a} - \pi$$

$$\tan^{-1}(-a) = -\tan^{-1}a \qquad \csc^{-1}(-a) = \sin^{-1}\frac{1}{a} - \pi$$

$$\sin^{-1}a = \cos^{-1}\sqrt{1-a^2} \qquad \cos^{-1}a = \sin^{-1}\sqrt{1-a^2}$$

($a>0$, $b>0$일 때)

$$\sin^{-1}a - \sin^{-1}b = \sin^{-1}\left(a\sqrt{1-b^2} - b\sqrt{1-a^2}\right)$$

$$\tan^{-1}a - \tan^{-1}b = \tan^{-1}\frac{a-b}{1+ab}$$

$$\cos^{-1}a + \cos^{-1}b = \begin{cases} \cos^{-1}ab - \sqrt{(1-a^2} - b\sqrt{1-a^2} & (a^2+b^2> \text{일 때}) \\ \dfrac{\pi}{2} & (a^2+b^2= \text{일 때}) \\ \pi - \cos^{-1}\sqrt{(1-a^2)(1-b^2)} - ab & (a^2+b^2< \text{일 때}) \end{cases}$$

$$\tan^{-1}a + \tan^{-1}b = \begin{cases} \tan^{-1}\dfrac{a+b}{1-ab} & (ab<1\text{일 때}) \\ \dfrac{\pi}{2} & (a=b\text{일 때}) \\ \pi - \tan^{-1}\dfrac{(a+b)}{ab-1} & (ab>1\text{일 때}) \end{cases}$$

11 임의의 삼각형에 관한 공식.

변의 길이를 a, b, c, 그 대각을 A, B, C, $s = \frac{1}{2}(a+b+c)$,
외접원의 반경을 R, 내접원의 반경을 r이라 하면,

사인법칙: $\frac{a}{\sin A} = \frac{b}{\sin B} = \frac{c}{\sin C} = 2R$

코사인법칙: $a^2 = b^2 + c^2 - 2bc\cos A$

$$r = \sqrt{\frac{(s-a)(s-b)(s-c)}{S}}$$

$$\text{면적} = \frac{1}{2}ab\sin C = \frac{a^2 \sin B \sin C}{2\sin(B+C)} = \sqrt{s(s-a)(s-b)(s-c)}$$

B.4 평면해석기하

01 두 점 $P_1(x_1, y_1)$과 $P_2(x_2, y_2)$에 관하여

거리 P_1P_2: $d = \sqrt{(x_1 - x_2)^2 + (y_1 - y_2)^2}$

P_1P_2의 기울기: $m = \frac{y_1 - y_2}{x_1 - x_2}$

P_1P_2의 중점: $x = \frac{1}{2}(x_1 + x_2),\ y = \frac{1}{2}(y_1 + y_2)$

02 기울기가 m_1, m_2인 두 직선 사이의 각

$$\tan\theta = \frac{m_1 - m_2}{1 + m_1 m_2}$$

평행인 직선에 대해서는 $m_1 = m_2$, 수직인 직선에 대해서는 $m_1 = -\frac{1}{m_2}$이다.

03 직선의 방정식

점-기울기형: $y - y_1 = m(x - x_1)$

기울기-절편형: $y = mx + b$

두 점형: $\frac{y - y_1}{x - x_1} = \frac{y_2 - y_1}{x_2 - x_1}$

절편형: $\frac{x}{a} + \frac{y}{b} = 1$

수평선: $y = b$

수직선: $x = a$

04 $P(x_1, y_1)$에서 수직 $Ax + By + C = 0$에 이르는 거리

$$d = \frac{Ax_1By + C}{\pm\sqrt{A^2 + B^2}}$$

05 직교좌표와 극좌표와의 관계

$$x = r\cos\theta \quad r = \pm\sqrt{x^2 + y^2}$$
$$y = r\sin\theta \quad \theta = \tan^{-1}\frac{y}{x}$$

06 원의 방정식

중심이 (h, k), 반경이 r

$$(x-h)^2 + (y-k)^2 = r^2$$

07 타원의 방정식

중심이 (h, k), 반장축이 a, 반공액축이 b

$$\frac{(x-h)^2}{a^2} + \frac{(y-k)^2}{b^2} = 1 \quad \text{혹은} \quad \frac{(y-k)^2}{a^2} + \frac{(x-h)^2}{b^2} = 1$$

08 쌍곡선의 방정식

중심이 (h, k), 반관축이 a, 반공액축이 b

$$\frac{(x-h)^2}{a^2} - \frac{(y-h)^2}{b^2} = 1 \quad \text{혹은} \quad \frac{(y-h)^2}{a^2} - \frac{(x-h)^2}{b^2} = 1$$

원점을 중심으로 가지는 직교쌍곡선. $xy = C$

09 포물선이 방정식

정점이 (h, k), 집점거리가 p,

$$(y-k)^2 = 4p(x-h) \quad \text{혹은} \quad (x-h)^2 = 4p(y-k)$$

B.5 입체해석기하

01 두 점 $P_1(x_1, y_1, z_1)$, $P_2(x_2, y_2, z_2)$에 대하여

거리 P_1P_2: $d=\sqrt{(x_1-x_2)^2+(y_1-y_2)^2+(z_1-z_2)^2}$

P_1P_2의 방향수: $[x_1-x_2,\ y_1-y_2,\ z_1-z_2]$

P_1P_2의 중점: $x=\frac{1}{2}(x_1+x_2),\ y=\frac{1}{2}(y_1+y_2),\ z=\frac{1}{2}(z_1+z_2)$

02 방향수가 $[a_1,\ b_1,\ c_1]$, $[a_2,\ b_2,\ c_2]$인 두 직선 사이의 각

$$\cos\theta=\pm\frac{a_1a_2+b_1b_2+c_1c_2}{\sqrt{a_1^2+b_1^2+c_1^2}\sqrt{a_2^2+b_2^2+c_2^2}}$$

평행인 직선: $\frac{a_1}{a_2}=\frac{b_1}{b_2}=\frac{c_1}{c_2}$

수직인 직선: $a_1a_2+b_1b_2+c_1c_2=0$

03 점 $P(x_1,\ y_1,\ z_1)$을 지나고 방향수가 $[A,\ B,\ C]$인 직선과 수직인 평면의 방정식

$$A(x-x_1)+B(y-y_1)+C(z-z_1)=0$$

04 $P(x_1,\ y_1,\ z_1)$을 지나고 방향수가 $[a,\ b,\ c]$인 직선의 방정식

$$\frac{x-x_1}{a}=\frac{y-y_1}{b}=\frac{z-z_1}{c}$$

05 $P(x_1,\ y_1,\ z_1)$에서 평면 $Ax+By+Cz+D=0$에 이르는 거리

$$d=\frac{Ax_1+By_1+Cz_1+D}{\pm\sqrt{A^2+B^2+C^2}}$$

06 직교좌표와 주면좌표와의 관계

$x=r\cos\theta$ $\qquad$ $y=r\sin\theta$ $\qquad$ $z=z$

$x=\pm\sqrt{x^2+y^2}$ $\qquad$ $\theta=\tan^{-1}\frac{y}{x}$ $\qquad$ $z=z$

07 직교좌표와 구면좌표와의 관계

$x=\sin\theta\cos\phi$ $\qquad$ $y=r\sin\theta\sin\phi$ $\qquad$ $z=r\cos\theta$

$r=\sqrt{x^2+y^2+z^2}$ $\qquad$ $\phi=\tan^{-1}\frac{y}{x}$ $\qquad$ $\theta=\tan^{-1}\frac{\sqrt{x^2+y^2}}{z}$

C. 함수의 그래프

01 $y = \sin x$

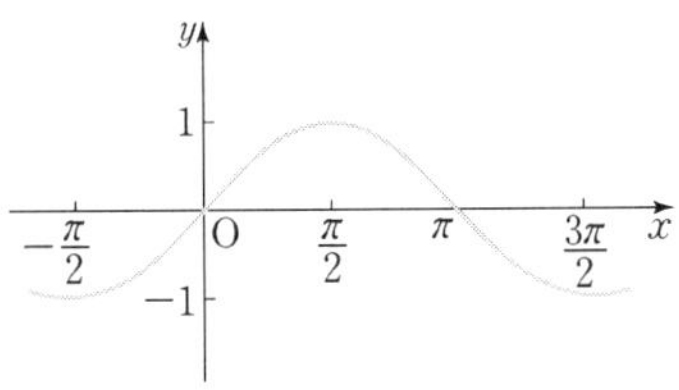

02 $y = \cos x$

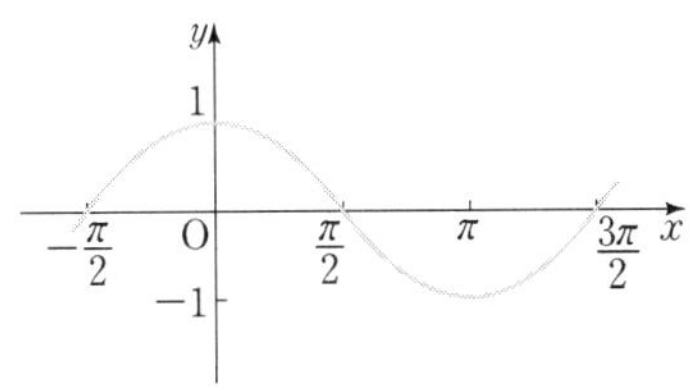

03 $y = \tan x$

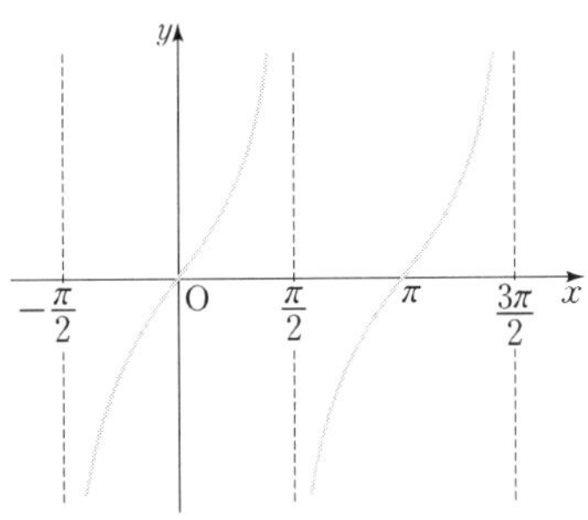

04 $y = \sec x$

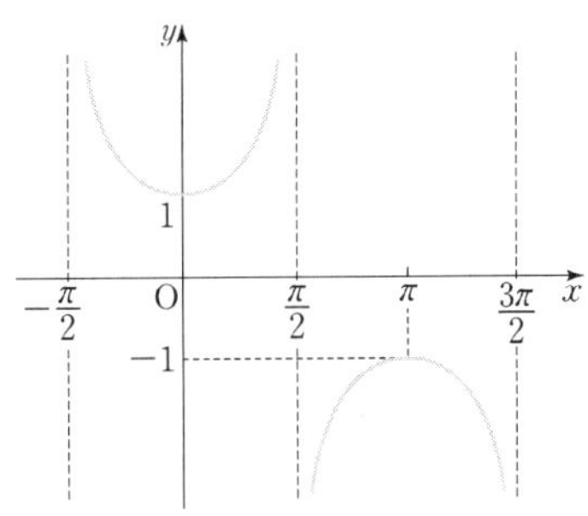

05 $y = \operatorname{cosec} x$

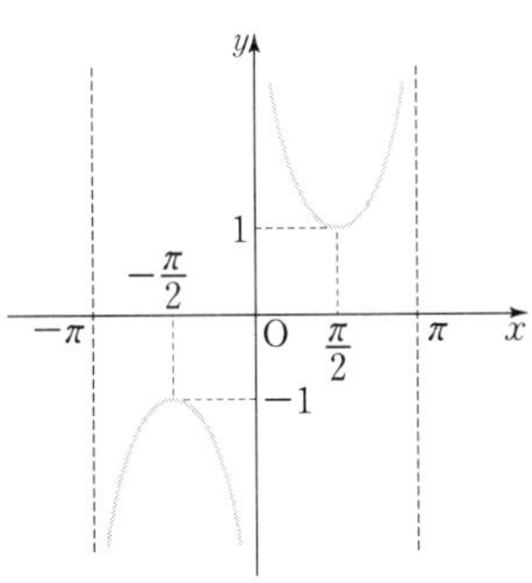

06 $y = \cot x$

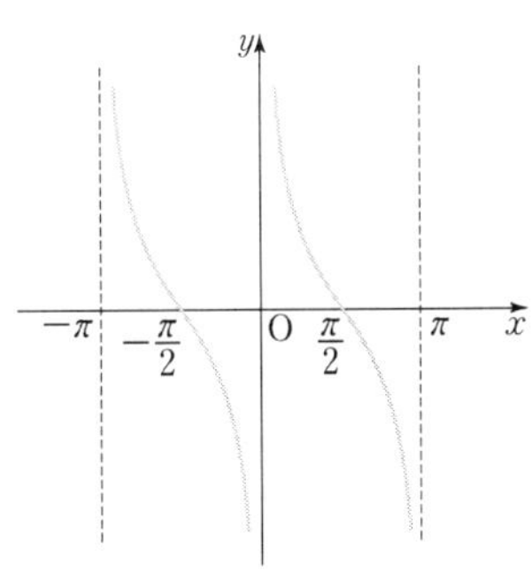

07 $y = \sin^{-1}x$

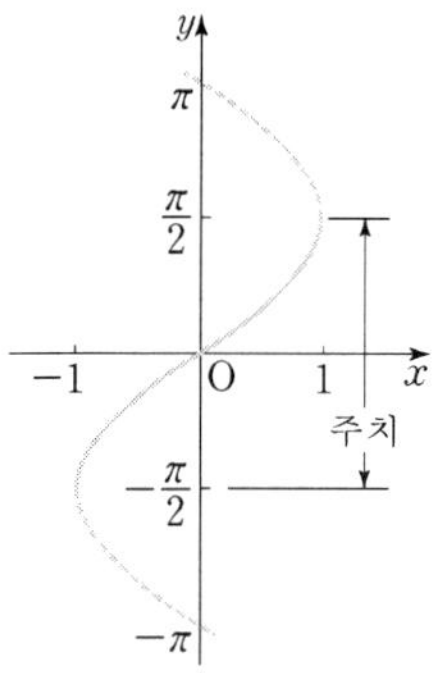

08 $y = \cos^{-1}x$

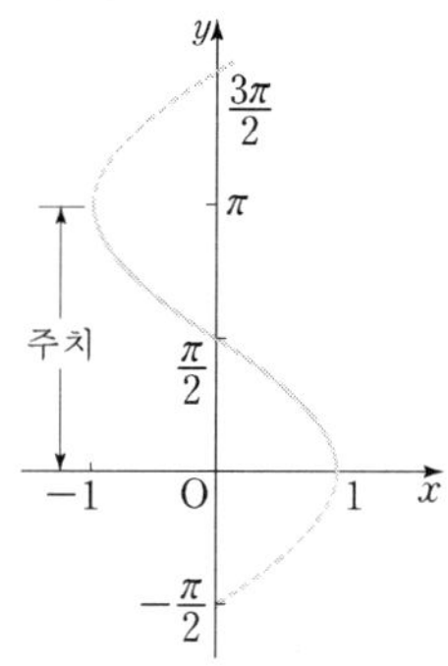

09 $y = \tan^{-1}x$

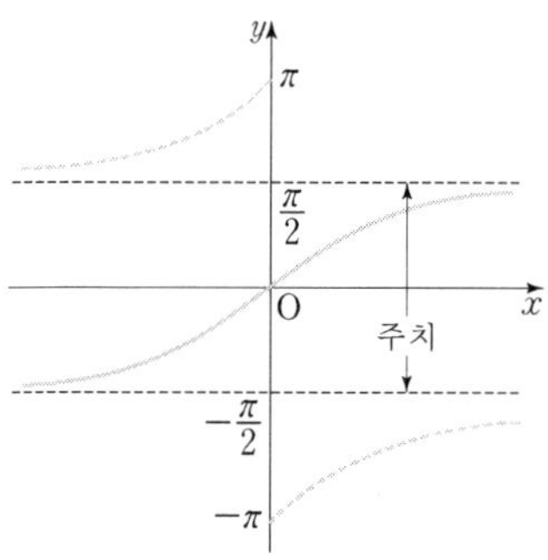

10 $y = \sec^{-1}x$

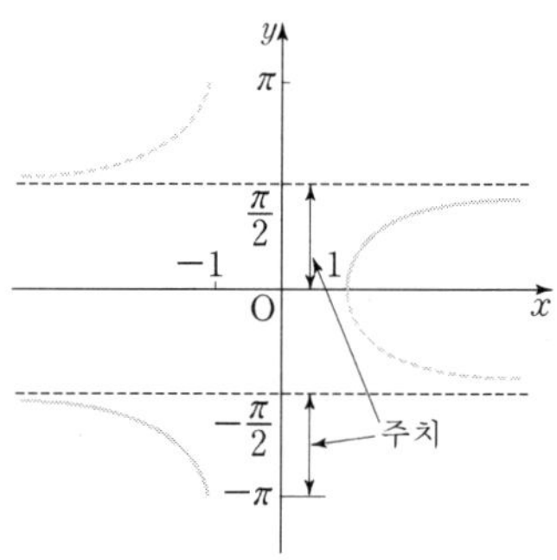

11 $y = \text{cosec}^{-1}x$

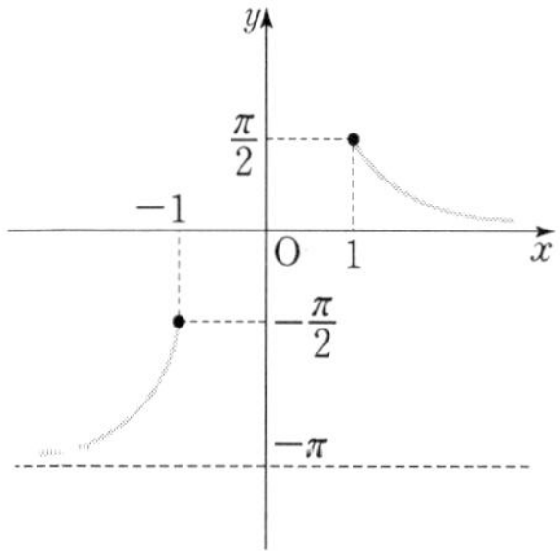

12 $y = \cot^{-1}x$

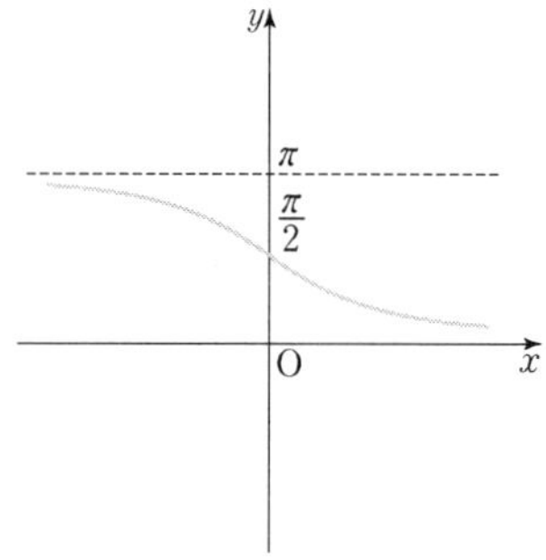

13 Log곡선

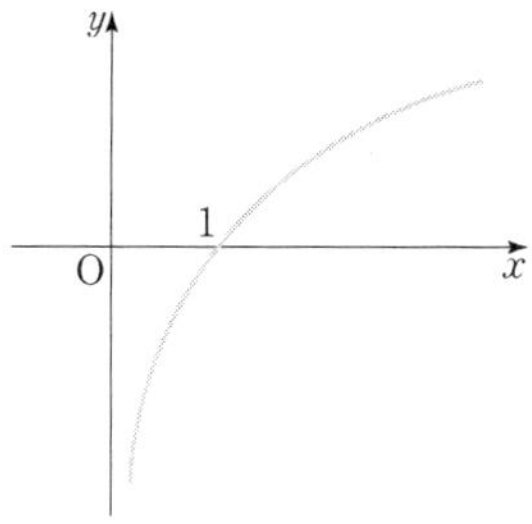

$y=\log_b x\ (b>1)$

14 지수곡선

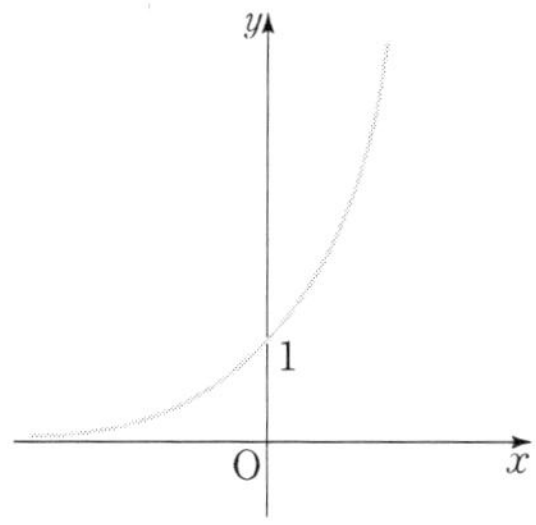

$y=e^x$

15 Hyperbolic sine 곡선

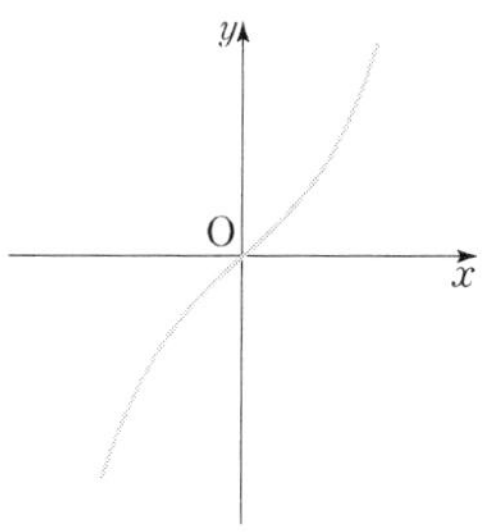

$y=\sinh x$

16 Hyperbolic cosine 곡선

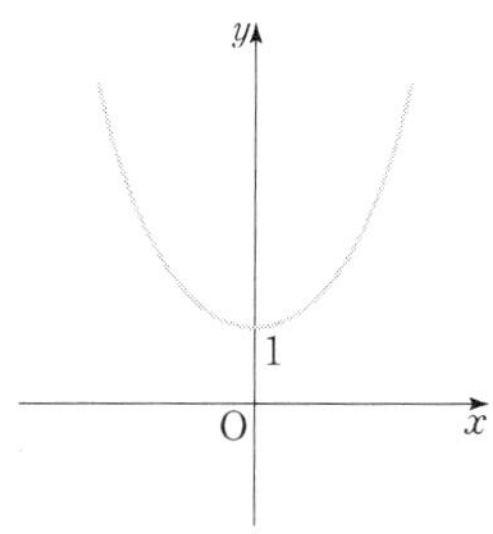

$y=\cosh x$

17 3차포물선

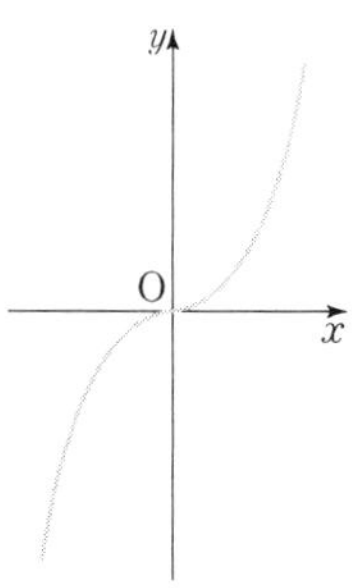

$y=ax^3,\ (a>0)$

18 반3차포물선

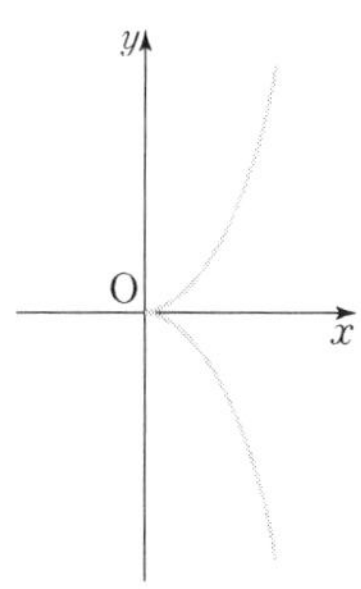

$y^2=ax^3,\ (a>0)$

D. 함수의 극한

01 (함수의 극한정리) $\lim_{x \to a} f(x) = L$이고 $\lim_{x \to a} g(x) = M$이면

(1) $\lim_{x \to a} \{f(x) + g(x)\} = L + M$

(2) $\lim_{x \to a} \{f(x)g(x)\} = LM$

(3) $\lim_{x \to a} kf(x) = kL$ (단, k는 상수)

(4) $\lim_{x \to a} \dfrac{f(x)}{g(x)} = \dfrac{L}{M}$ $(M \neq 0)$

02 $\lim_{x \to \pm\infty} \left(1 + \dfrac{1}{x}\right)^x = e$, $\lim_{x \to 0} (1 + x)^{\frac{1}{x}} = e$

03 $\lim_{x \to 0} \dfrac{\sin x}{x} = 1$ (단, x의 단위는 라디안)

E. 미분법

01 $c' = 0$ (c는 상수)

02 $\{kf(x)\}' = kf'(x)$ (k는 상수)

03 $\{f(x) \pm g(x)\} = f'(x) \pm g'(x)$

04 $\{f(x)g(x)\}' = f'(x)g(x) + f(x)g'(x)$

05 $\left\{\dfrac{f(x)}{g(x)}\right\}' = \dfrac{f'(x)g(x) - f(x)g'(x)}{g(x)^2}$

06 $(x^{\alpha})' = \alpha x^{\alpha - 1}$ (α는 실수)

07 (합성함수 미분법) $y = g(u)$와 $u = f(x)$가 미분가능하면, $\dfrac{dy}{dx} = \dfrac{dy}{du}\dfrac{du}{dx}$이다.

08 (역함수 미분법) $\dfrac{dx}{dy} = \dfrac{1}{dy/dx}$ $\left(\dfrac{dy}{dx} \neq 0\right)$

09 (매개변수표시 함수의 미분법) $x = f(t)$와 $y = g(t)$가 t에 관해서 미분가능하고 $f'(t) \neq 0$이면, $\dfrac{dy}{dx} = \dfrac{g'(t)}{f'(t)}$이다.

10 $(\sin x)' = \cos x$ $(\cos x)' = -\sin x$

11 $(\tan x)' = \sec^2 x$ $(\cot x)' = -\csc^2 x$

12 $(\sec x)' = \sec x \tan x$ $(\csc x)' = -\csc x \cot x$

13 $(\log_a x)' = \dfrac{1}{x}\log_a e$ $(\ln x)' = \dfrac{1}{x}$

14 $(e^x)' = e^x$ $(a^x)' = a^x \ln a$

F. 적분표 (적분상수 생략)

F.1 $a+bu$형

01 $\displaystyle\int (a+bu)^n du = \frac{(a+bu)^{n+1}}{b(n+1)},\ n \neq -1$

02 $\displaystyle\int \frac{du}{a+bu} = \frac{1}{b}\ln(a+bu)$

03 $\displaystyle\int \frac{u\,du}{a+bu} = \frac{1}{b^2}[(a+bu) - a\ln(a+bu)]$

04 $\displaystyle\int \frac{u^2du}{a+bu} = \frac{1}{b^3}\left[\frac{1}{2}(a+bu)^2 - 2a(a+bu)^2 - 2(a+bu) + a^2\ln(a+bu)\right]$

05 $\displaystyle\int \frac{du}{u(a+bu)} = -\frac{1}{a}\ln\frac{a+bu}{u}$

06 $\displaystyle\int \frac{u^2du}{a+bu^2} = \frac{1}{b^2} = \left[(a+bu) - \frac{a^2}{a+bu} - 2a\ln(a+bu)\right]$

07 $\displaystyle\int \frac{du}{u(a+bu)^2} = \frac{1}{a(a+bu)} - \frac{1}{a^2}\ln\frac{a+bu}{u}$

08 $\displaystyle\int \frac{du}{u^2(a+bu)^2} = -\frac{a+2bu}{a^2u(a+bu)} + \frac{2b}{a^3}\ln\frac{a+bu}{u}$

F.2 $\sqrt{a+bu}$ 형

01 $\displaystyle\int u\sqrt{a+bu}\,du = -\frac{2(2a-3bu)(a+bu)^{\frac{3}{2}}}{15b^2}$

02 $\displaystyle\int u^n\sqrt{a+bu}\,du = \frac{2u^n(a+bu)^{\frac{3}{2}}}{b(2n+3)} - \frac{2an}{b(2n+3)}\int u^{n-1}\sqrt{a+bu}\,du$

03 $$\int \frac{u\,du}{\sqrt{a+bu}} = -\frac{2(2a-bu)\sqrt{a+bu}}{3b^2}$$

04 $$\int \frac{u^n du}{\sqrt{a+bu}} = \frac{2u^n\sqrt{a+bu}}{b(2n+1)} - \frac{2an}{b(2n+1)}\int \frac{u^{n-1}du}{\sqrt{a+bu}}$$

05 $$\int \frac{du}{u\sqrt{a+bu}} = \frac{1}{\sqrt{a}}\ln\left(\frac{\sqrt{a+bu}-\sqrt{a}}{\sqrt{a+bu}+\sqrt{a}}\right) \quad (a>0)$$
$$= \frac{2}{\sqrt{-a}}\tan^{-1}\sqrt{\frac{a+bu}{-a}} \quad (a<0)$$

06 $$\int \frac{du}{u^n\sqrt{a+bu}} = -\frac{\sqrt{a+bu}}{a(n-1)u^{n-1}} - \frac{b(2n-3)}{2a(n-1)}\int \frac{du}{u^{n-1}\sqrt{a+bu}}$$

07 $$\int \frac{\sqrt{a+bu}}{u}dn = 2\sqrt{a+bu} + a\int \frac{du}{u\sqrt{a+bu}}$$

08 $$\int \frac{\sqrt{a+bu}}{u^n}du = -\frac{(a+bu)^{\frac{3}{2}}}{a(n-1)u^{n-1}} - \frac{b(2n-5)}{2a(n-1)}\int \frac{\sqrt{a+bu}}{u^{n-1}}du \quad (n>1)$$

F.3 $\sqrt{u^2 \pm a^2}$ 형

01 $$\int \frac{du}{u^2+a^2} = \frac{1}{a}\tan^{-1}\frac{u}{a}$$

02 $$\int \frac{du}{u^2-a^2} = \frac{1}{2a}\ln\frac{u-a}{u+a}$$

03 $$\int \frac{du}{\sqrt{u^2 \pm a^2}} = \ln(u+\sqrt{u^2 \pm a^2})$$

04 $$\int \frac{u^2 du}{\sqrt{u^2+a^2}} = \frac{1}{2}u\sqrt{u^2+a^2} \mp \frac{1}{2}a^2\ln(u+\sqrt{u^2 \pm a^2})$$

05 $$\int \frac{du}{u\sqrt{u^2+a^2}} = -\frac{1}{a}\ln\left(\frac{a+\sqrt{u^2+a^2}}{u}\right)$$

06 $\int \frac{du}{u\sqrt{u^2-a^2}} = \frac{1}{a}\sec^{-1}\frac{u}{a}$

07 $\int \frac{du}{u^2\sqrt{u^2 \pm a^2}} = \mp \frac{\sqrt{u^2 \pm a^2}}{a^2 u}$

08 $\int \sqrt{u^2 \pm a^2}\,du = \frac{1}{2}u\sqrt{u^2 \pm a^2} \pm \frac{1}{2}a^2 \ln(u + \sqrt{u^2 \pm a^2})$

09 $$\int u^2\sqrt{u^2 \pm a^2}\,du = \frac{1}{4}u(u^2 \pm a^2)^{\frac{3}{2}} \mp \frac{1}{8}a^2 u\sqrt{u^2 \pm a^2} - \frac{1}{8}a^4 \ln(u + \sqrt{u^2 \pm a^2})$$

10 $\int \frac{\sqrt{u^2+a^2}}{u}du = \sqrt{u^2+a^2} - a\ln\left(\frac{a + \sqrt{u^2+a^2}}{u}\right)$

11 $\int \frac{\sqrt{u^2-a^2}}{u}du = \sqrt{u^2-a^2} - a\sec^{-1}\frac{u}{a}$

12 $\int \frac{\sqrt{u^2 \pm a^2}}{u^2}du = -\frac{\sqrt{u^2 \pm a^2}}{u} + \ln\left(u + \sqrt{u^2 \pm a^2}\right)$

13 $\int (u^2 \pm a^2)^{\frac{3}{2}}du = \frac{1}{4}u(u^2 \pm a^2)^{\frac{3}{2}} \pm \frac{3}{8}a^2 u\sqrt{u^2 \pm a^2} + \frac{3}{8}a^4 \ln\sqrt{(u^2 \pm a^2)}$

14 $\int \frac{(u^2+a^2)^{\frac{3}{2}}}{u}du = \frac{1}{3}(u^2+a^2)^{\frac{3}{2}} + a^2\sqrt{u^2+a^2} - a^3\ln\left(a + \frac{\sqrt{u^2+a^2}}{u}\right)$

15 $\int \frac{(u^2+a^2)^{\frac{3}{2}}}{u}du = \frac{1}{3}(u^2-a^2)^{\frac{3}{2}} + a^2\sqrt{u^2-a^2} + a^3\sec^{-1}\frac{u}{a}$

16 $\int \frac{du}{(u^2 \pm a^2)^{\frac{3}{2}}} = \pm \frac{u}{a^2\sqrt{u^2 \pm a^2}}$

17 $$\int \frac{u^2 du}{(u^2 \pm a^2)^{\frac{3}{2}}} = -\frac{u}{\sqrt{u^2 \pm a^2}} + \ln(u + \sqrt{u^2 \pm a^2})$$

18 $$\int \frac{du}{u(u^2 + a^2)^{\frac{3}{2}}} = \frac{1}{a^2\sqrt{u^2 + a^2}} - \frac{1}{a^3}\ln\left(\frac{a + \sqrt{u^2 + a^2}}{u}\right)$$

19 $$\int \frac{du}{u(u^2 - a^2)^{\frac{3}{2}}} = -\frac{1}{a^2\sqrt{u^2 - a^2}} - \frac{1}{a^3}\sec^{-1}\frac{u}{a}$$

F.4 $\sqrt{a^2 - u^2}$ 형

01 $$\int \frac{du}{a^2 - u^2} = \frac{1}{2a}\ln\frac{a + u}{a - u}$$

02 $$\int \frac{du}{\sqrt{a^2 - u^2}} = \sin^{-1}\frac{u}{a}$$

03 $$\int \frac{u^2 du}{\sqrt{a^2 - u^2}} = -\frac{1}{2}u\sqrt{a^2 - u^2} + \frac{1}{2}a^2\sin^{-1}\frac{u}{a}$$

04 $$\int \frac{du}{u\sqrt{a^2 - u^2}} = -\frac{1}{a}\ln\left(\frac{a + \sqrt{a^2 - u^2}}{u}\right)$$

05 $$\int \frac{du}{u^2\sqrt{a^2 - u^2}} = -\frac{\sqrt{a^2 - u^2}}{a^2 u}$$

06 $$\int \sqrt{a^2 - u^2}\, du = \frac{1}{2}u\sqrt{a^2 - u^2} + \frac{1}{2}a^2\sin^{-1}\frac{u}{a}$$

07 $$\int u^2\sqrt{a^2 - u^2}\, du = -\frac{1}{4}u(a^2 - u^2)^{\frac{3}{2}} + \frac{1}{8}a^2 u\sqrt{a^2 - u^2} + \frac{1}{8}a^4\sin^{-1}\frac{u}{a}$$

08 $$\int \frac{\sqrt{a^2 - u^2}}{u}du = \sqrt{a^2 - u^2} - a\ln\left(\frac{a + \sqrt{a^2 - u^2}}{u}\right)$$

09 $\int \frac{\sqrt{a^2-u^2}}{u^2}du = -\frac{\sqrt{a^2-u^2}}{u} - \sin^{-1}\frac{u}{a}$

10 $\int \frac{du}{(a^2-u^2)^{\frac{3}{2}}} = \frac{u}{a^2\sqrt{a^2-u^2}}$

11 $\int \frac{u^2du}{(a^2-u^2)^{\frac{3}{2}}} = \frac{u}{\sqrt{a^2-u^2}} - \sin^{-1}\frac{u}{a}$

12 $\int \frac{du}{u(a^2-u^2)^{\frac{3}{2}}} = \frac{1}{a^2\sqrt{a^2-u^2}} - \frac{1}{a^2}\ln\left(\frac{a+\sqrt{a^2-u^2}}{u}\right)$

13 $\int \frac{du}{u^2(a^2-u^2)^{\frac{3}{2}}} = -\frac{\sqrt{a^2-u^2}}{a^4u} + \frac{u}{a^4\sqrt{a^2-u^2}}$

14 $\int (a^2-u^2)^{\frac{3}{2}}du = \frac{1}{4}u(a^2-u^2)^{\frac{3}{2}} + \frac{3}{8}a^2u\sqrt{a^2-u^2} + \frac{3}{8}a^4\sin^{-1}\frac{u}{a}$

15 $\int \frac{(a^2-u^2)^{\frac{3}{2}}}{u}du = \frac{1}{3}(a^2-u^2)^{\frac{3}{2}} + a^2\sqrt{a^2-u^2} - a^3\ln\left(\frac{a+\sqrt{a^2-u^2}}{u}\right)$

F.5 삼각함수형

01 $\int \sin u\, du = -\cos u$

02 $\int \sin^n u\, du = -\frac{1}{n}\sin^{n-1}u\cos u + \frac{n-1}{n}\int \sin^{n-2}u\, du \ (n \geq 2)$

03 $\int \cos u\, du = \sin u$

04 $\int \cos^n du = \frac{1}{n}\cos^{n-1}u\sin^u + \frac{n-1}{n}\int \cos^{n-2}u\, du \ (n \geq 2)$

05 $\int \tan u \, du = \ln \sec u$

06 $\int \tan^n u \, du = \frac{\tan^{n-1}}{n-1} - \int \tan^{n-2} u \, du \quad (n \geq 2)$

07 $\int \cot u \, du = \ln \sin u$

08 $\int \cot^n u \, du = -\frac{\cot^{n-1} u}{n-1} - \int \cot^n u \, du \ (n \geq 2)$

09 $\int \sec u \, du = \ln(\sec u + \tan u)$

10 $\int \sec^n u \, du = \frac{\sec^{n-1} u \tan u}{n-1} + \frac{n+2}{n-1} \int \sec^{n-2} u \, du \ (n \geq 2)$

11 $\int \csc u \, du = \ln(\csc u - \cot u)$

12 $\int \csc^n u \, du = -\frac{\csc^{n-1} u \cot u}{n-1} + \frac{n+2}{n-1} \int \csc^{n-2} u \, du \ (n \geq 2)$

13 $\int \sec u \tan u \, du = \sec u$

14 $\int \csc u \cot u \, du = -\csc u$

15 $\int \sin au \sin bu \, du = \frac{\sin(a-b)u}{2(a-b)} - \frac{\sin(a+b)u}{2(a+b)}$

16 $\int \sin au \cos bu \, du = -\frac{\cos(a-b)u}{2(a-b)} - \frac{\cos(a+b)u}{2(a+b)}$

17 $\int \cos au \cos bu \, du = -\frac{\sin(a-b)u}{2(a-b)} - \frac{\sin(a+b)u}{2(a+b)}$

18 $\int \sin^m u \cos^n u \, du = \frac{\sin^{m+1} u \cos^{n-1} u}{m+n}$

$$+ \frac{n-1}{m+n} \int \sin^m u \cos^{n-2} u \, du \ (n \geq 2)$$

19 $\int \sin^m u \cos^n u \, du = \dfrac{\sin^{m-1} u \cos^{n+1} u}{m+n} + \dfrac{m-1}{m+n} \int \sin^{m-2} u \cos^n u \, du$

$(m \geq 2)$

F.6 여러 가지 형

01 $\int e^n du = e^u$

02 $\int a^u du = \dfrac{a^u}{\ln a}$

03 $\int ue^{au} du = e^{au} \dfrac{(au-1)}{a^2}$

04 $\int u^2 e^{au} du = \dfrac{e^{au}(a^2u^2 - 2au + 2)}{a^3}$

05 $\int u^n \ln u \, du = u^{n+1} \left[\dfrac{\ln u}{n+1} - \dfrac{1}{(n+1)^2} \right]$

06 $\int u \sin u \, du = \sin u - u \cos u$

07 $\int u^2 \sin u \, du = 2u \sin u - (u^2 - 2) \cos u$

08 $\int u \cos u \, du = \cos u + \sin u$

09 $\int u^2 \cos u \, du = (u^2 - 2) \sin u + 2u \cos u$

10 $\int e^{au} \sin bu \, du = \dfrac{e^{au}(a \sin bu - b \cos bu)}{a^2 + b^2}$

11 $\displaystyle\int e^{au}\cos bu\, du = \frac{e^{au}(a\cos bu + b\sin bu)}{a^2+b^2}$

12 $\displaystyle\int \sin^{-1}u\, du = u\sin^{-1}u + \sqrt{1-u^2}$

13 $\displaystyle\int \tan^{-1}u\, du = u\tan^{-1}u - \frac{1}{2}\ln(1+u^2)$

14 $\displaystyle\int \sinh u\, du = \cosh u$

15 $\displaystyle\int \cosh u\, du = \sinh u$

16 $\displaystyle\int \tanh u\, du = \ln(\cosh u)$

17 $\displaystyle\int \coth u\, du = \ln(\sinh u)$

18 $\displaystyle\int \operatorname{sech} u\, du = 2\tan^{-1}e^u$

19 $\displaystyle\int \operatorname{csch} u\, du = \ln\left(\tanh\frac{1}{2}u\right)$

찾아보기

ㅊ

ㅋ

ㅌ

ㅍ

ㅎ

기타

AI대학수학

지은이 이민아
펴낸이 조경희
펴낸곳 경문사
펴낸날 2025년 1월 24일 1판 1쇄
등 록 1979년 11월 9일 제1979-000023호
주 소 04057, 서울특별시 마포구 와우산로 174
전 화 (02)332-2004 팩스 (02)336-5193
이메일 kyungmoon@kyungmoon.com

값 24,000원

ISBN 979-11-6073-764-6